内蒙古图古日格金矿床地质研究

丁成武 著

化学工业出版社

·北京·

内容简介

本书以图古日格金矿床的矿体（石）、岩体、地层、构造和成矿流体为主要研究对象，通过岩相学、岩石地球化学、同位素地球化学、同位素年代学和流体包裹体测试等手段，深入剖析了该金矿床的矿床地质特征、元素地球化学特征、同位素地球化学特征、流体包裹体特征和成矿流体特征，探讨了该金矿床的成岩成矿时代、成矿背景、成岩成矿物质来源、成矿流体的来源、矿床成因类型、成矿机制和成矿过程，建立了该矿床的成矿模型，并在此基础上探讨了兴蒙造山带二叠纪时期的构造背景和金成矿规律。

本书适合科研院所研究人员、矿业类大学本科生、研究生及矿山企业工程技术和管理人员参考使用。

图书在版编目（CIP）数据

内蒙古图古日格金矿床地质研究 / 丁成武著. —北京：
化学工业出版社，2022.8
ISBN 978-7-122-41637-7

Ⅰ．①内… Ⅱ．①丁… Ⅲ．①金矿床-地质特征-研究-乌拉特中旗 Ⅳ．①P618.51

中国版本图书馆 CIP 数据核字（2022）第 100382 号

责任编辑：刘丽宏　　　　　　　　　　　　装帧设计：刘丽华
责任校对：赵懿桐

出版发行：化学工业出版社（北京市东城区青年湖南街 13 号　邮政编码 100011）
印　　装：北京科印技术咨询服务有限公司数码印刷分部
710mm×1000mm　1/16　印张 11　字数 203 千字　2022 年 11 月北京第 1 版第 1 次印刷

购书咨询：010-64518888　　　　　　　　　　售后服务：010-64518899
网　　址：http://www.cip.com.cn
凡购买本书，如有缺损质量问题，本社销售中心负责调换。

定　　价：69.00 元　　　　　　　　　　　　　版权所有　违者必究

图古日格金矿是兴蒙造山带西端的一处大型石英脉型金矿床，已探明黄金储量大于 30t，平均品位为 4g/t，该金矿的矿石和矿体在浅部主要是石英脉型，在深部则主要是蚀变岩型。蚀变岩型矿石主要为矿化蚀变的似斑状花岗岩。矿体主要产出于似斑状花岗岩中，且基本上切穿了矿区内的所有岩层和岩性，矿体的产状明显受北西向次级断裂控制。

本书在全面搜集和整理地质资料及前人研究成果的基础上，通过系统的野外地质调查和详细的室内研究工作，对图古日格金矿床进行了典型矿床解剖。以图古日格金矿床的矿体（石）、岩体、地层、构造和成矿流体为主要研究对象，通过岩相学、岩石地球化学、同位素地球化学、同位素年代学和流体包裹体测试等手段，深入剖析了该金矿床的矿床地质特征、元素地球化学特征、同位素地球化学特征、流体包裹体特征和成矿流体特征，探讨了该金矿床的成岩成矿时代、成矿背景、成岩成矿物质来源、成矿流体的来源、矿床成因类型、成矿机制和成矿过程，建立了该矿床的成矿模型，并在此基础上探讨了兴蒙造山带二叠纪时期的构造背景和金成矿规律。取得的主要结论和认识如下。

1. 图古日格金矿矿区内侵入岩的 LA-MC-ICP-MS 锆石 U-Pb 测年结果表明，似斑状花岗岩的侵位年龄为（275.8±1.5）Ma～（264.5±1.4）Ma（两件样品），花岗岩的侵位年龄为（278.7±1.0）Ma（N=19，$MSWD$=0.34），角闪石岩的形成时代为（280.6±1.3）Ma（N=19，$MSWD$=0.39），蚀变闪长岩的侵位年龄为（288.0±2.6）Ma（N=13，$MSWD$=1.7），均属于二叠纪，黑云母花岗岩的侵位年龄为（415.1±2.1）Ma（N=14，$MSWD$=0.41），属于晚志留世。

2. 图古日格金矿中黄铁矿 Re-Os 同位素的等时线年龄为（268±15）Ma，初始 $^{187}Os/^{188}Os$ 比值为 1.26 ± 0.69。绢云母 ^{40}Ar-^{39}Ar 同位素的等时线年龄为（259.2±2.9）Ma（$MSWD$=5.4），$^{40}Ar/^{36}Ar$ 初始值为 292±17。结果表明图古日格金矿床的成矿年龄为（259～268）Ma，与似斑状花岗岩的活动时间（264.5～275.8Ma）相吻合。

3. 图古日格金矿矿区内的二叠纪侵入岩具有相似的 Sr-Nd-Pb 同位素组成，指示它们具有同源的特征。它们的 $\varepsilon_{Nd}(t)$ 值为 –6.6 ~ –3.8，初始锶同位素比值($^{87}Sr/^{86}Sr)_i$ 为 0.70629 ~ 0.70799，初始 $^{206}Pb/^{204}Pb$ 比值为 18.113 ~ 18.392，初始 $^{207}Pb/^{204}Pb$ 比值为 15.535 ~ 15.594，初始 $^{208}Pb/^{204}Pb$ 比值为 38.133 ~ 38.473。初始同位素特征指示图古日格金矿的二叠纪侵入岩具有壳幔混合源的性质，成岩物质主要来自亏损地幔，虽然受到了下地壳古老物质的混染，但是地幔物质仍然起了主导的作用。

4. 图古日格金矿及矿区内二叠纪侵入岩形成的构造背景是碰撞后伸展环境，虽然侵入岩具有一些俯冲带侵入岩的地球化学特征，但是这些特征只是反映了岩石的岩浆源区受到了俯冲作用的影响，并不能代表其构造背景。所以兴蒙造山带在二叠纪所处的构造环境是碰撞后伸展环境，支持古亚洲洋闭合时间为晚泥盆世末-早石炭世末的观点。

5. 图古日格矿区内的二叠纪侵入岩为一套双峰式侵入岩，都属于高钾钙碱性系列。成岩过程为：俯冲背景下，在古老微地块底部形成了亏损地幔来源的新生下地壳，新生地壳在之后的构造活动中发生部分熔融，部分熔融形成的岩浆接受古老地壳物质的混染，当部分熔融程度高且受古老地壳物质混染程度较低时，则形成含有较多水分的基性岩浆，这种岩浆上侵形成闪长岩，由于物质成分和结晶条件非常适合角闪石的结晶析出，故发生了角闪石的堆晶作用，形成了角闪石岩。当熔融程度低且受古老地壳物质混染程度较高时，则形成花岗质岩浆，经过岩浆的扩散分异作用，演化形成花岗岩和似斑状花岗岩。

6. 图古日格金矿中黄铁矿的硫同位素 $\delta^{34}S_{CDT}$ 值为 –7.5‰ ~ –3.5‰，平均值为 –5.88‰，侵入岩的 $\delta^{34}S_{CDT}$ 为 1.6‰ ~ 10.4‰，平均值 6.5‰，各个地层的 $\delta^{34}S_{CDT}$ 为 9.8‰ ~ 27.4‰，平均值为 20.8‰。该金矿黄铁矿中的硫可能不是直接来自于矿区范围内的任何地质体，而可能是由矿区内二叠纪侵入岩中的硫，在氧化作用下经过硫同位素的分馏，演化而来。硫同位素的分馏使硫化物发生了重硫的亏损，造成了黄铁矿中的硫同位素 $\delta^{34}S_{CDT}$ 值低于侵入岩中的 $\delta^{34}S_{CDT}$ 值。

7. 图古日格金矿方铅矿的 $^{206}Pb/^{204}Pb$ 为 18.11 ~ 18.178，$^{207}Pb/^{204}Pb$ 为 15.567 ~ 15.604，$^{208}Pb/^{204}Pb$ 为 38.185 ~ 38.339，通过方铅矿的铅同位素比值与各地质体校正（成矿年龄，264Ma）后的铅同位素比值的对比可知，矿石中的铅元素可能主要来自矿区内的侵入岩，并受到了少量的地层混染。

8. 图古日格金矿的成矿流体是中高温、中低盐度的含有 O_2 和 SO_4^{2-} 的 NaCl+

$CaCl_2+CO_2+H_2O$ 流体，成矿流体的 $\delta D_{V\text{-}SMOW}$ 值为 $-108.8‰ \sim -87.4‰$，平均值为 $-99.1‰$，$\delta^{18}O_{水}$ 值为 $1.1‰ \sim 6.9‰$，平均值 $4.5‰$。氢、氧同位素组成以及黄铁矿标型特征表明，图古日格金矿的成矿流体主要来自岩浆水，并带有幔源特征，其在深部演化过程中可能经历了卤水相和蒸气相的不混溶分离作用，在浅部也可能经历了岩浆水和大气降水的混合作用。

9.金的气相偏在性和蒸气冷却收缩模式，是图古日格金矿床富 Au、中低盐度和富 CO_2 的成矿流体的形成机制，成矿流体中的金主要是以硫氢络合物[$Au(HS)^0$、$Au(HS)^{2-}$]的形式运移。成矿过程中流体经历了沸腾（不混溶）作用，其流体包裹体就是在沸腾状态下从这两种性质不同的流体中捕获的（一种为较低盐度、富气相流体，另一种为高盐度、低气相流体），减压沸腾和氧化作用是该金矿金沉淀的主要机制。

10.图古日格金矿的成矿流体与矿区内的似斑状花岗岩是"兄弟"关系，而不是"母子"关系，即岩浆热液（成矿流体）和似斑状花岗岩一样，都来自深部花岗质岩浆房。图古日格金矿床的形成与花岗质岩浆活动密切相关。兴蒙造山带乃至整个中亚造山带，可能在二叠纪发育有一次与伸展背景下的花岗质岩浆活动有关的金成矿事件，找矿潜力巨大。

本书是在国家自然科学基金青年基金项目"内蒙古图古日格金矿中碲的富集规律与机制：来自矿物原位微区成分和 He-Ar 同位素的证据（42002099）"、山东理工大学博士启动基金项目"内蒙古图古日格金矿的形成与演化（416072）"、国家重点基础研究发展计划项目"兴蒙造山带构造叠合与大规模成矿作用（2013CB429805）"的研究基础上撰写的。在编写过程中，得到了山东理工大学的大力资助，在此表示衷心的感谢。

本书在完成过程中，由于时间原因及作者水平所限，书中难免存在不足之处，敬请同行专家和广大读者批评指正，并提出宝贵意见。

山东理工大学

丁成武

目录

CONTENTS

第一章

绪论

001 ————

1.1 选题依据和研究意义   003
1.2 研究现状与存在问题   004
1.2.1 金矿床研究进展   004
1.2.2 兴蒙造山带研究进展   011
1.2.3 中亚造山带二叠纪金矿床研究进展   012
1.2.4 图古日格金矿研究现状   014
1.3 研究内容与方法   016
1.4 已完成工作   018
1.5 主要认识及创新   018

第二章

区域地质背景

021 ————

2.1 地层   023
2.1.1 下元古界宝音图群   023
2.1.2 其他地层   025
2.2 构造   025
2.3 岩浆岩   026

第三章

矿床地质特征

029 ————

3.1 矿区地层   031
3.2 矿区构造   032

3.3 矿区侵入岩   **033**

3.3.1 二叠纪似斑状花岗岩   033

3.3.2 二叠纪花岗岩   034

3.3.3 二叠纪蚀变闪长岩   034

3.3.4 二叠纪角闪石岩   035

3.3.5 志留纪黑云母花岗岩   036

3.4 矿体特征   **036**

3.5 矿石矿物特征   **039**

3.6 金的赋存状态   **046**

3.7 围岩及蚀变   **047**

3.8 成矿期次和成矿阶段   **047**

4.1 侵入岩锆石 U-Pb 年龄   **051**

4.1.1 样品采集、处理及分析测试   051

4.1.2 样品锆石特点   052

4.1.3 测试结果   055

4.2 黄铁矿 Re-Os 年龄   **067**

4.2.1 样品采集、处理及分析测试   067

4.2.2 测试结果   068

4.3 绢云母 Ar-Ar 年龄   **070**

4.3.1 样品采集、处理及分析测试   070

4.3.2 测试结果   071

第四章

成岩成矿年龄
049

第五章

矿床地球化学特征

075

5.1	**侵入岩主微量元素特征**	**077**
5.1.1	样品及测试分析	077
5.1.2	测试结果	078
5.2	**侵入岩 Sr-Nd 同位素测试**	**085**
5.2.1	样品及测试分析	085
5.2.2	测试结果	086
5.3	**S 和 Pb 同位素测试**	**089**
5.3.1	样品及测试分析	090
5.3.2	分析结果	091
5.4	**黄铁矿标型特征**	**098**

第六章

流体包裹体特征

101

6.1	**样品采集、处理及分析测试**	**103**
6.2	**流体包裹体岩相学**	**117**
6.3	**均一温度和盐度**	**118**
6.4	**流体包裹体成分**	**120**
6.5	**氢氧同位素分析**	**120**

第七章

矿床成因

127

7.1	**成岩与成矿事件的耦合**	**129**
7.2	**成岩成矿背景**	**130**
7.3	**成矿流体性质及来源**	**133**
7.4	**物质来源**	**135**
7.4.1	成岩成矿物质来源	135
7.4.2	成矿流体中硫的来源	137
7.4.3	成矿流体中铅的来源	138
7.5	**矿床成因类型**	**139**
7.6	**成矿动力学**	**139**

7.6.1　岩浆热液的来源　　　　　　　139

7.6.2　金的运移和沉淀机制　　　　　140

7.6.3　成矿过程及模型　　　　　　　141

8.1　兴蒙造山带早二叠世构造背景　　147

8.2　兴蒙造山带二叠纪金成矿作用　　147

第八章

区域成矿意义
145——————

参考文献

150——————

Chapter 1

第一章

绪论

- 1.1 选题依据和研究意义
- 1.2 研究现状与存在问题
- 1.3 研究内容与方法
- 1.4 已完成工作
- 1.5 主要认识及创新

1.1
选题依据和研究意义

　　图古日格金矿的大地构造位置位于兴蒙造山带西端宝音图隆起的中部。兴蒙造山带位于华北板块和西伯利亚板块之间，属中亚巨型造山带的东段，是古亚洲洋向华北板块和西伯利亚板块两侧俯冲增生并最后闭合的结果，同时也是中蒙边境巨型成矿带的重要组成部分。兴蒙造山带被认作是由岛弧、洋壳和古老微陆块拼合而成的，该区相继经历了太古代结晶基底形成、元古代被动大陆边缘裂解、古亚洲洋俯冲以及所引起的地壳增生、华北板块与西伯利亚板块以及它们之间的微陆块之间的碰撞拼合、碰撞后伸展和太平洋俯冲等多个演化阶段。这种复杂的地质背景和构造演化历史，使得兴蒙造山带内物质来源多样，构造活动强烈，岩浆活动广泛发育，诱发了多期大规模成矿作用，资源潜力巨大。

　　近年来，在中亚造山带内发现了多个二叠纪大型金矿床，其中具有代表性的有图古日格（268Ma）、浩尧尔忽洞（又名长山壕，270Ma）、毕立赫（272Ma）、朱拉扎嘎（280Ma）、穆龙套（Muruntau，275Ma）、库姆托尔（Kumtor，284Ma）和米坦（Zarmitan，269Ma）金矿床。这样一些大型金矿床的产出，使得兴蒙造山带，乃至整个中亚造山带成为了一个重要的金成矿带，也可能指示了一个二叠纪金成矿事件，显示了良好的找矿前景。虽然这些矿床已经有了大量研究工作，但是对于它们形成时所处的构造背景以及它们的成因类型还存在争议。兴蒙造山带在二叠纪时期所处的构造演化阶段，目前还没有统一的看法，争论的焦点主要集中在华北板块、西伯利亚板块以及它们之间的微陆块最后碰撞缝合的时间，也就是古亚洲洋或其他形式的大洋向华北板块和西伯利亚板块结束俯冲、闭合的时间还存在分歧。一种观点认为，古亚洲洋闭合时间为晚泥盆世末-早石炭世末，之后该地区进入了碰撞以及接下来的后碰撞构造演化阶段；另一观点则认为闭合时间为晚二叠至早三叠世。由于成矿地质背景的不确定，以及成矿机理研究的相对薄弱，使得这些矿床究竟是造山型金矿还是岩浆热液型金矿，以及这些矿床的物质来源、成矿过程等很多问题都还存在争议。所以在这些大型金矿床中选取某个矿床进行精细研究，将有助于确定它们的成因类型，重塑它们的成矿过程，建立适合于兴蒙造山带二叠纪金矿的成矿模型，也有助于探讨兴蒙造山带二叠纪时期的构造背景，反演兴蒙造山带的构造演化机制。

　　图古日格金矿区位于内蒙古自治区乌拉特中旗巴音杭盖苏木境内，东南距包头约 270km，地理坐标为 107°20′E、42°05′N。该矿床是一个大型金矿床，探明的矿石量为 607 万吨，金金属量为 30t，平均品位为 4g/t，但是其目前的保有资源量（金属量 9t）已不能满足企业的长远发展需要，迫切需要取得勘查新突破，增加资源量，以满足矿山可持续发展的需要。同时，由于其发现时间较晚，所以研究程度偏低，到目前为止前人的研究多集中在矿体、矿石和矿物的产出特征，以及矿石同位素特征等方面，而对其成矿地质背景、成矿年龄、控矿要素、成因类型、成矿过程、物质来源以及矿区内可能与成矿关系密切的岩浆岩的研究则很少，很多问题都有待解决。

所以本书主要以国家自然科学基金项目"内蒙古图古日格金矿中碲的富集规律与机制：来自矿物原位微区成分和 He-Ar 同位素的证据"和国家重点基础研究发展计划项目"兴蒙造山带构造叠合与大规模成矿作用"为依托，以"内蒙古图古日格金矿床地质研究"为选题，在图古日格金矿区开展矿床地质背景、成因、物源以及其区域成矿意义的研究。目的是探讨图古日格金矿的成矿动力学背景、矿床成因、成矿过程、成岩成矿时代、成岩成矿物质来源、成矿流体特征及来源、金的运移和沉淀机制，建立成矿模型。研究结果将为矿区深部及外围找矿勘查提供理论指导，同时也希望能够以点带面，为探讨兴蒙造山带二叠纪时期的构造背景、金矿成矿作用的动力学背景、华北地台北缘以及兴蒙造山带金矿成矿规律提供支撑，也为兴蒙造山带内的金矿勘查提供理论指导。

1.2
研究现状与存在问题

1.2.1
金矿床研究进展

（1）金矿床分类

矿床学研究的一个重要内容就是矿床类型划分，矿床类型划分在一定程度上代表了矿床学的研究水平。对于金矿床来说，其形成过程的复杂性和控矿条件的多样性给其分类带来了较大困难，自 20 世纪早期至今，国内外金矿床分类方案已超过百余种。虽然分类方法多变，但是这些分类方案的分类依据可以归纳为：

① 成矿条件（温度、压力和深度）；
② 矿体形态、矿化类型；
③ 成矿地质作用；
④ 成矿物质来源；
⑤ 构造环境；

⑥ 赋矿围岩及含矿建造；

⑦ 矿物组合。

各种分类方案有些按照单一依据进行划分，有些首先按照其中一个依据划分大类，然后再按照其他依据进行细分。

Emmons 根据成矿条件将金矿床划分为伟晶岩金矿床、高温气液交代金矿床、高温金矿床、中温金矿床、低温金矿床、砂金矿床和含金砾岩金矿床 7 类。王友文根据矿体形态和矿化类型将金矿床划分为脉型金矿床、蚀变岩型金矿、浸染型金矿、斑岩型金矿、砾岩型金矿、铁帽型金矿和砂金矿床 7 类。栾世伟等根据成矿作用将金矿床分为内生矿床（岩浆岩型矿床、硅卡岩型矿床、岩浆热液型金矿床、火山热液型金矿床、地下热卤水渗滤型金矿床、变质热液型金矿床）和外生矿床（风化壳型金矿床、机械沉积型金矿床）两大类。郑明华根据成矿物质来源将金矿床划分为源于上地幔硅镁质岩浆的金矿、源于硅铝壳重熔-再熔岩浆的金矿、源于壳内固体岩石的金矿床、源于地表岩石的金矿床、宇宙来源的金矿床以及多来源叠生金矿床。葛良胜等提出了基于成矿构造环境-成矿时代的分类方案，将内生金矿床划分为裂谷型（拉张期）金矿、俯冲造山型（俯冲期）金矿、碰撞造山型（碰撞期）金矿、伸展造山型（伸展期）金矿、板内型（非造山型，"稳定"期）金矿和过渡-叠加-复合型金矿 6 类。涂光识依据赋矿围岩将我国金矿床划分为太古界绿岩带型、沉积岩型（细碎屑岩-碳酸盐岩-硅质岩型）、变质碎屑岩型（浊积岩型、硬砂岩型、黑色岩系型）、火山岩型（海相火山岩型和陆相火山岩型）、侵入岩内外接触带型金矿床等几类。Dill 根据矿床的赋存环境和矿物学特点提出了"棋盘式"矿床分类方案，并在此基础上把金矿床划分成了岩浆型金矿床、构造相关金矿床、沉积型金矿床和变质型金矿床 4 大类。Robert 等根据地质背景、围岩、矿物组合以及地球化学特征，把金矿床划分成了古砂金矿床、热泉型金矿床、斑岩型金矿床、硅卡岩型金矿床、碳酸盐交代型金矿床、富硫化物脉型铜金矿床以及含铁建造脉状浸染状金矿床等 16 种类型，在此基础上 Robert 等把可以被归纳为一个大类的金矿床类型进行了合并，最后把金矿分成了造山型金矿、还原侵入相关型、氧化侵入相关型金矿和其他金矿类型 4 个大类（图 1-1）。陈毓川根据赋矿围岩和成矿作用将金矿床分为了产于花岗岩-绿岩带建造中的金矿床、与岩浆岩有关的金矿床、产于沉积岩建造中的金矿床和与表生作用有关的金矿床 4 个大类。

由于金矿床的形成过程十分复杂，并且受研究水平和技术手段的限制，目前尚不能对矿床的成矿作用、物质来源以及构造背景达到全面的认识，所以基于这些分类依据的分类方案都会或多或少地存在一些局限性。根据矿物种类及元素组合、控矿构造、矿床容矿围岩或成矿主岩对矿床类型进行划分，分类依据直观明确，不涉及有争议的背景、物源和成因等要素，所以目前的金矿床分类方案中，以这三方面为依据的分类方案最多，但是这种类型的分类方案几乎未涉及矿床成因和成矿过程，不能反映金成矿的本质和全部过程，不利于金矿床的理论研究。

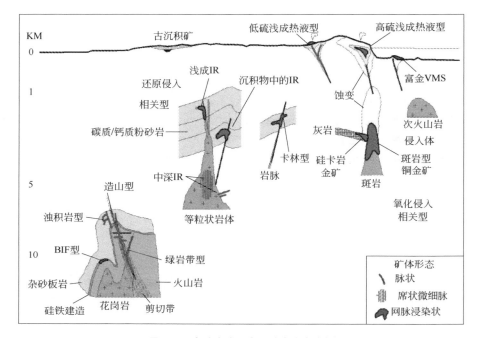

图1-1 金矿床成因类型分类方案实例

（2）成矿理论

较为早期的金成矿理论主要有绿岩带金矿成矿理论、浅成热液成矿理论、层控金矿成矿理论、构造动力驱动成矿理论、板块构造成矿理论和生物成矿理论。

绿岩带成矿理论认为，该型金矿床是指产在绿岩带中的，在绿岩带形成、发展和改造过程中形成的一系列金矿床。成矿过程为在火山-沉积作用阶段，形成原始的含金建造，随后在区域变质变形或花岗质岩浆侵入过程中形成花岗岩-绿岩带，并改造原始含金建造，最后在构造或岩浆活动最晚期，金随热液运移至断裂或剪切带中，形成脉状或细脉浸染状金矿床。浅成热液金成矿理论认为该类矿床的形成温度在 200～300℃之间，形成深度小于 1000m，成矿热液主要包括火山、次火山热液，以及大气降水下渗循环形成的热液，当这些热液上升至近地表，由于压力降低而引起沸腾，导致金等成矿元素以充填或渗透的方式形成浸染状及脉状矿体。

近年来随着科学技术水平的不断发展和研究水平的不断深入，新的金矿成矿理论随之出现，如造山型成矿理论、岩浆热液成矿理论、地幔柱成矿理论以及剪切热成矿理论。

造山型金矿成矿理论由 Groves 和 Goldfarb 等人首先提出，一经提出便引起了学术界广泛的关注和讨论，造山型金矿通常形成于汇聚板块边缘的增生或碰撞造山带中，并伴随有造山过程的大规模区域变质作用，成矿与挤压或转换的构造活动有关，成矿流体主要源于古老地层发生绿片岩相或岩石退变质时释放的变质水（变质相不会太高），金的沉淀机制为变质流体的上升过程中的减压和沸腾作用。不同的造山型金矿虽然在矿化特征、所处的造山带以及形成时间上不尽相同，但是研究发现，它们有很多相似的特征，如都产在造山事件中的变质带中，金的沉淀是同-后变质的，成矿流体为变质流体，多为 $H_2O\text{-}NaCl\text{-}CO_2$ 体系，含有少量 CH_4，盐度低（NaCl 质量分数为 0.4% ~ 6.5%），温度为 200 ~ 400℃，成分主要为 Na，次为 K 和 B，以及少量的 Cu、As、Li、Sr、Rb、Ba、Cs、Sb 和 Au，围岩中发育碳酸盐-绢云母-钠长石-硫化物热液蚀变，矿体中矿物或金属分带不明显。

剪切带成矿理论认为大型剪切带往往在浅部发生脆性变形，而在深部发生韧性变形，当含矿流体从剪切带深部的韧性部分上升至浅部的脆性部分时，在韧-脆性转换地带会经历围压的忽然降低，导致金的沉淀成矿，所以大型韧性剪切带型金矿一般产出于剪切带的韧-脆转换位置，剪切带既是成矿流体的运移通道，也是金的沉淀场所。剪切带成矿理论主要强调剪切带自身性质的变化或者剪切带的转折、交叉及汇聚对成矿流体物理性质的影响，而对围岩的性质和变质程度以及成矿流体来源没有选择性。韧性剪切带型金矿可以和岩浆活动密切相关，也可以和岩浆活动没有任何关系；可以产在古老克拉通中，也可以产出在造山带中；成矿流体的来源可以是变质流体，也可以是岩浆热液。古老克拉通中的该类金矿可以是同构造成矿，也可以是构造期后成矿，前者被认为是变质流体成矿，后者则强调岩浆活动等地质过程对成矿作用的贡献。

目前，岩浆活动在某些金矿床形成过程中所起的作用开始被广泛关注，强烈的壳幔相互作用可以使地幔中富含 Cu 和 Au 的硫化物发生氧化，硫化物氧化分解释放出的 Cu 和 Au 进入岩浆，并通过岩浆活动上升到地表成矿。岩浆在其上升侵位过程中会分异出流体，水在硅酸盐熔体中的溶解度随压力的升高而升高，所以深部自由流体的成分主要是 CO_2 等难溶气体，随着岩浆的不断上侵，压力逐渐减小，水会不断从硅酸盐熔体中分离出来，慢慢取代 CO_2，成为浅部自由流体中的主要成分。

岩浆热液的演化可以分为岩浆阶段（ > 800℃）、岩浆期后热液阶段（ 800 ~ 600℃ ）和热液阶段（ < 600℃ ）三个阶段，金矿的形成主要发生在热液阶段。金的气相偏在性和岩浆热液的蒸气冷却收缩模式是岩浆热液型金矿中金富集和成矿的两个主要因素。

金的气相偏在性是指在发生熔体-流体相分离时，Fe、Au、Cu、Ag 等几乎所有成矿金属元素均会优先进入流体相，当 H_2O-$NaCl$±KCl 体系发生蒸汽-卤水相分离时，Au、Sb、As、Bi 等元素通常以 HS^- 络合物的形式优先进入蒸气相，而 Fe、Zn、Na、K、Pb、Mn、Ag、Cs、Sn 等元素以 Cl^- 离子络合物的形式优先进入卤水相，Cu 可以 HS^- 和 Cl^- 两种络合物形式迁移，在富硫热液中优先富集于蒸气相，在贫硫热液体系中一般优先进入卤水相。火山喷气产物中通常含有较高浓度的 Cu、As、Ag 和 Au，以及斑岩型矿床中部分低密度流体包裹体中硫化物的存在，也证明上述观点。

蒸气冷却收缩模式认为：岩浆结晶分异作用产生富含挥发分的流体，受温度和压力条件的控制，这些流体通常发生卤水相和蒸气相的不混溶现象，形成富含 Au、Cu 等成矿元素以及 H_2O、CO_2、H_2S 等挥发组分的蒸气相流体，由于密度较低，蒸气相流体很容易被从深部岩浆中释放出来，并沿早期岩浆通道或裂隙迅速上升。随着温度和压力的下降，这些蒸气会分离出少量的富含 Fe、Cl 等元素的卤水和大量的富含 H_2S、SO_2、Cu、As、Au 等元素的低盐度含水蒸气，随着这种分离模式的不断进行，含水蒸气中的金含量会逐渐升高，盐度会逐渐减低，S/Fe 摩尔比值不断增大。这种含水蒸气随后冷却形成富 S 贫 Fe 的液相流体，高浓度的金在这种低盐度、中低温岩浆热液中被带到合适位置沉淀成矿。

（3）成矿流体及金的运移和沉淀

金矿床成矿流体一直以来都是地质专家研究的热点。通过成矿流体的研究可以探讨矿床成因、成矿过程以及成矿物质来源。稳定同位素分析和流体包裹体研究是查明成矿流体性质、成分的重要手段，同时也是判断流体来源和成因的重要依据。近年来，随着原位微区分析技术的进步，使得研究者可以对单个流体包裹体进行成分分析，从而使得对成矿流体活动期次、演化规律、成矿物质运移形式及沉淀成矿机制的研究达到了一个新的高度。根据来源不同，谭文娟等将成矿流体分为岩浆分异或结晶作用释放的流体、变质脱水-脱挥发分流体、富水沉积物由于构造挤压产生的流体、大气降水流体和地幔排气流体。

对于一些金矿床究竟是变质流体成因还是岩浆热液成因的争论一直在继续，随着对造山型金矿的研究，人们对变质成矿流体的认识不断加深，目前对变质流体的鉴别也成为了成矿流体研究的另一大热点，研究表明，变质流体具有中温、低盐度和富 CO_2 特征。虽然岩浆热液通常以高温、高盐度、高 CO_2 含量为特征，但是金的气相偏在性以及岩浆热液的蒸气冷却收缩模式的提出，证明了岩浆热液演化过程中也能形成富 CO_2、低盐度和富金的流体。所以仅仅利用低盐度、富 CO_2 这一特征来区分变质流体和岩浆热液是十分不可靠的。

在成矿流体中成矿元素主要以 Au-HS 和 Au-Cl 络合物形式运移富集。研究表明，降温减压、减压沸腾排气、流体-围岩反应（物理、化学）和流体混合作用等与金的沉淀密切相关，这些作用主要是通过引起含矿流体成分的改变、pH 值的改变、氧逸度的改变、硫逸度的变化，从而降低流体中金的溶解度或破坏 Au 络合物的稳定性，最终促使金沉淀成矿。同时，吸附作用、As 对金的富集作用和铋溶体捕获机制，可以使金在不饱和的情况下沉淀成矿。Pope 等认为 Sb_2S_3 和 As_2S_3 溶胶是金的重要吸附剂，当 Sb_2S_3 和 As_2S_3 溶胶因为流体状态的改变而发生沉淀时，被溶胶吸附的金也可以随之发生沉淀，使金在不饱和状态下就能沉淀成矿。流体中金的溶解度随 As 含量的升高而升高，所以 As 一方面对热液体系中金的富集起重要作用，另一方面还可以在其发生结晶时引起金的沉淀，同时，As 可以大大增加含砷黄铁矿从流体中吸附金的能力。铋溶体捕获机制也是金在不饱和流体中发生沉淀的机制之一，该机制认为流体中的铋熔体或铋-硫化合物熔体在完全结晶之前，可以不断捕获热液中的金，当温度降低至 271℃以下时，金会随着铋-金熔体的固结而发生沉淀。

（4）金矿成矿年龄的测定

成矿年龄的测定，对于讨论矿床成因、成矿背景和成矿过程具有十分重要的意义，但是因为缺少目标矿物，所以石英脉型金矿床成矿年龄的确定一直是金矿床研究中的难点。目前，可以用来对该类型金矿床进行成矿年龄测定的方法主要有热液锆石 U-Pb 法、包裹体 Rb-Sr 和 ^{40}Ar-^{39}Ar 法、绢云母 Ar-Ar 法，以及近年来新探索的硫化物 Re-Os 法、裂变径迹法和自然金 U/Th-^4He 法。

热液锆石 U-Pb 法主要存在两个问题，首先，石英脉中的锆石含量非常少，一般每千克样品中 1 ~ 5 粒；其次，很难区分锆石是同成矿期的还是从围岩中捕获的，而且这种方法通常会得到一个偏老的错误年龄。

利用流体包裹体 Rb-Sr 法进行定年，应尽量采用单个包裹体原位测试分析方法，同时注意区分原生包裹体和次生包裹体及包裹体是否处于封闭状态，总体来说，这种方法获得的年龄数据存在以下几个问题：等时线图上数据点较为分散、加权平均方差（*MSWD*）偏大、拟合年龄较老、可靠性低。

Re 和 Os 分别是亲铜和亲铁元素，可以进入硫化物晶格中，所以 Re-Os 同位素体系可以用来直接测定矿石矿物的年龄，因为辉钼矿中具有较高的 Re 含量，而基本上不含 Os，所以通常 Re-Os 法多用于辉钼矿的定年。由于辉钼矿的结晶温度较高以及化学活动性质的差异，辉钼矿在金矿床中的含量较少，所以 Re-Os 同位素测年方法早期没有被应用到金矿床定年中。近年来，随着分析方法和质谱技术的革新，Re-Os 法开始被应用于低 Re 和 Os 含量的硫化物（黄铁矿、黄铜矿、闪锌矿）中，使得 Re-Os 同位素定年方法开始被用来进行金矿床的定年。利用黄铁矿进行 Re-Os 定年时一定要注意鉴别和采取同成矿期的黄铁矿。

^{40}Ar-^{39}Ar 法是在 K-Ar 同位素法基础上发展起来的，与 K-Ar 法相比，其优越

性在于：

第一，只需要测定 Ar 同位素比值，避免了测定样品 K 含量时带来的误差；

第二，利用阶段升温技术，可以同时获得 ^{40}Ar-^{39}Ar 年龄谱和一条 ^{40}Ar-^{39}Ar 等时线，等时线年龄和坪年龄可以相互验证，同时根据年龄谱形态和等时线给出的初始 $^{40}Ar/^{36}Ar$ 比值也可以判断样品是否存在过剩 Ar 和 Ar 丢失的现象；

第三，对于存在过剩 Ar 和 Ar 丢失现象的样品，如果扰动作用只发生在样品颗粒边缘，^{40}Ar-^{39}Ar 法在高温阶段仍能给出矿物的形成年龄，且在低温阶段给出的年龄，可以被用来讨论扰动事件的年龄，而 K-Ar 法在这种情况下只能给出一个混合的没有实际意义的表观年龄。利用绢云母 Ar-Ar 法对金矿床进行定年的难点在于如何正确鉴别和选取同成矿期的绢云母。

矿物中 ^{238}U 发生裂变时会释放高能量的裂变碎片，这些碎片会沿其轨道在矿物中留下辐射损伤（裂变径迹），裂变径迹法是利用化学刻蚀的方法把裂变径迹扩大，通过显微镜查出裂变径迹的条数，然后根据 ^{238}U 含量获得其裂变径迹积累的速率，通过径迹数和其增加数率就可以计算出样品的年龄。裂变径迹法一般适用于年轻样品，而且要求目标矿物中的铀含量不能太高，也不能太低。石英中的铀含量不仅低，而且十分不均匀，所以裂变径迹法在石英脉型金矿床的测年研究中并不常用。

自然金 U/Th-^{4}He 测年法是一种新探索的金矿床定年方法，目前成功的案例还比较少，所以测年方法的可信度还有待考证。另外，由于其需要颗粒金作为目标矿物，所以应用范围也比较受限。

（5）其他进展

金矿床中黄铁矿的标型特征近年来成为研究热点之一，研究表明，黄铁矿的标型特征可以用来判断金矿化强弱、判断矿床流体来源和矿床成因。严育通等对各成因类型金矿床进行了黄铁矿主量元素和微量元素的研究，最后总结出了各种成因类型的金矿床中黄铁矿的成分标型特征，并提出了 δFe-δS 的投图法和 Co-Ni-As 三角图解法，用来进行黄铁矿成因的鉴别。同时，研究者发现其他硫化物中痕量金属元素的含量及其分布的研究，在经济地质学、矿床矿石成因学、环境地球化学等领域具有重要的意义。近年来，随着原位微区激光剥蚀-电感耦合等离子体质谱（LA-ICP-MS）技术的逐渐成熟，使得微量元素的原位精确测试成为可能，但是由于用于硫化物分析校准的标准物质的缺乏，严重阻碍了这一技术在硫化物原位微量元素分析中的应用。

CO_2 与金属的络合物通常不稳定，所以 CO_2 不直接参与 Au 的搬运，所以它在金成矿过程中所起到的作用并没有引起足够的重视。近年来，随着研究的不断深入，越来越多的研究者意识到它对于岩浆流体的出溶及演化、增加 H_2O 和 Cl 在岩浆中的溶解度、促进流体的相分离、扩大超临界流体的温度范围和流体不混溶范围、稳定流体的 pH 值、维持络合物的稳定性、提高流体中 Au 的含量、矿源层中金的活化和萃取、流体中 Au 的运移和沉淀等方面具有重要影响。

1.2.2
兴蒙造山带研究进展

兴蒙造山带位于华北板块和西伯利亚板块之间，属中亚巨型造山带的东段，是世界上目前已知的构造-岩浆活动最复杂、发展历史最长的一条增生造山带，对这一造山带的研究不仅是探讨中亚造山带构造演化的关键，也是深化全球板块构造演化机制的关键。越来越多的地质事实表明，兴蒙造山带并不是华北板块与西伯利亚板块之间简单的缝合带，而是由两大板块之间的许多古老微地块组成的构造拼合带。随着古亚洲洋的不断收缩，这些微陆块之间以及它们与华北板块和西伯利亚板块之间，先后互相碰撞拼合，最终形成一个整体。

虽然，目前普遍认为兴蒙造山带经历了太古代结晶基底形成、元古代被动大陆边缘裂解、古亚洲洋俯冲以及所引起的地壳增生、华北板块与西伯利亚板块以及它们之间的微陆块之间的碰撞拼合、碰撞后伸展和太平洋俯冲等多个演化阶段，但是，目前对于兴蒙造山带及邻区的构造格局以及各个演化阶段的具体时限的认识一直存在较大争议，存在多个重要问题尚待解决，如古亚洲洋最终闭合的位置、时代及过程？晚古生代岩浆活动的构造背景及其意义？兴蒙造山带东、西部如何对比与衔接？目前对于古亚洲洋最终闭合的位置主要有两种认识：一种认为古亚洲洋闭合于黑河-贺根山一线，另一种认为古亚洲洋的最终闭合位置大致为索伦-西拉木伦-长春-延吉缝合带。

关于构造格局，有研究者将兴蒙造山带由南向北依次划分为白乃庙弧、温都尔庙俯冲增生带、二道井增生杂岩带、宝力道弧增生杂岩带、贺根山蛇绿岩-弧增生杂岩带和乌里雅苏台活动大陆边缘，它们之间的界线分别为西拉木伦断裂、索伦-林西断裂、锡林浩特断裂、二连浩特断裂和查干鄂博-鄂伦春断裂，并指出沿西伯利亚板块南部活动陆缘和华北板块北部活动陆缘的增生带可能一直存在至早中三叠世。Ni 等认为张家口地区出露的中石炭世（约 325Ma）退变质榴辉岩，是古亚洲洋洋壳发生榴辉岩相高压变质作用的产物，是洋陆碰撞时期的产物。Shang 认为内蒙古锡林浩特地区二叠纪岩层中放射虫化石的存在，表明该地区在晚二叠世处于深海沉积环境，指示古亚洲洋在中二叠世仍未完全闭合。

徐备等用前寒武纪微陆块作为基本单位，以断裂带或者缝合带为界线，将中泥盆世之前的兴蒙造山带由南向北依次划分为佳木斯地块、松辽-浑善达克地块、艾力格庙-锡林浩特地块、兴安地块和额尔古纳地块，它们之间的 4 条边界分别是牡丹江缝合带、温都尔庙-吉中-延吉缝合带、艾力格庙-锡林浩特-黑河缝合带和新林-喜桂图缝合带，并且指出放射虫可以生活在不同深度的水体中，兴蒙造山带二叠纪放射虫化石的存在并不能作为早-中二叠世深海大洋（古亚洲洋）存在的证据，同时指出至少从晚石炭世以来古亚洲洋就已经闭合，兴蒙造山带自石炭-二叠纪就已经处于伸展的构造背景下。

兴蒙造山带在二叠纪时期所处的构造演化阶段，目前还没有统一的看法，争论的焦点主要集中在华北板块、西伯利亚板块以及它们之间的微陆块最后碰撞缝合的时间，也就是古亚洲洋或其他形式的大洋向华北板块和西伯利亚板块结束俯冲、闭合的时间还存在分歧。一种观点认为，古亚洲洋闭合时间为晚泥盆世末-早石炭世末，之后该地区进入了碰撞以及接下来后碰撞构造演化阶段；另一观点则认为闭合时间为晚二叠世至早三叠世。之所以出现这样的分歧，其中一个重要的原因是，华北板块北缘蛇绿岩分布较广，时间跨度大，类型复杂，造山带构造变动和岩浆活动的多次叠加，导致区内出露的蛇绿岩均支离破碎，呈孤岛状零星分布，增加了蛇绿岩研究的难度；另一个原因是，仅利用岩浆岩的地球化学特征来区分活动大陆边缘和后碰撞这两种构造环境很难让人信服。

兴蒙造山带内广泛发育有古生代-中生代花岗岩，且无论这些花岗岩形成于什么构造背景下，无论形成于什么时代，几乎都具有正 $\varepsilon_{Nd}(t)$ 值、年轻的 Nd 模式年龄（T_{DM}）和较低的初始锶同位素比值($^{87}Sr/^{86}Sr)_i$。研究者认为，这些花岗岩的源区可能是亏损地幔来源的新生增厚下地壳，也指示了兴蒙造山带显生宙以来存在强烈的壳幔能量和物质相互作用及地壳增生过程，显示出兴蒙造山带岩石圈地幔具有新生的特点。

1.2.3
中亚造山带二叠纪金矿床研究进展

近年来，中亚造山带内发现了多个二叠纪大型金矿床，其中具有代表性的有图古日格（268Ma）、浩尧尔忽洞（又名长山壕，270Ma）、毕立赫（272Ma）、朱拉扎嘎（280Ma）、穆龙套（Muruntau，275Ma），库姆托尔（Kumtor，284Ma）和米坦（Zarmitan，269Ma）金矿床。这样一些大型金矿床的存在，使得兴蒙造山带，乃至整个中亚造山带成为了一个重要的金成矿带，显示了良好的找矿前景，同时也可能指示了一个二叠纪金成矿事件。地质学家对这些金矿床做了大量的研究，并在矿床成因、成矿环境、成矿流体等方面取得了重要的研究成果。

穆龙套超大型金矿床（5400t，3.4g/t）主要产出在黑色片岩中，并受断裂带控制。Kotov 和 Poritskaya 提出该矿床是世界上最大的岩浆热液型金矿床，虽然在 1998 年 Groves 等提出造山型金矿这一概念后，很多学者把它看作是造山型金矿，认为该矿床的矿化是同变质的，成矿流体是与造山作用有关的变质流体，但是该矿床的成矿年龄是（287.5±1.7）Ma，与后碰撞花岗岩类岩浆活动的时间相吻合，而且 Re-Os 和 Sm-Nd 同位素的研究也指示了地幔起源组分的参与，这些都表明该矿床的形成与海西期花岗岩类岩浆活动密切有关。库姆托尔金矿床（550t，2～6g/t）的矿体主要产出在变质沉积岩中，该矿床的主成矿期的年龄约为 280Ma，矿区内的花岗岩侵入体的成岩年龄为 274～287Ma，Mao 等给出的该矿床的成矿年龄为（288.4±6）Ma，同时指出该矿床的矿化与海西期后碰撞花岗岩类侵入活动密切相关。米坦（10Moz，9.8～14.6g/t）金矿床的矿化与花岗岩类密切相关，主要分布在花岗岩内的石英窄脉中，部分分布在被花岗岩侵入的沉积岩中，成矿年龄约为 269Ma，所以该矿床与海西晚期的花岗岩类侵入活动也密切相关。

浩尧尔忽洞金矿床是华北地台北缘的一个大型金矿床，产出在黑色片岩中，矿床储量为 148t，平均品位为 0.62g/t，罗红玲等测定矿区内黑云二长花岗岩的成岩年龄为（277±3）Ma，肖伟给出的矿区内花岗岩类的成岩年龄为 268～290Ma，王建平等测定出该矿床矿石中黑云母的氩氩年龄为（270.1±2.5）Ma，Wang 等在这些年龄数据的基础上，通过氢氧、碳和硫同位素的研究，最后提出浩尧尔忽洞金矿床的形成与海西期构造岩浆活动以及随后的热液活动事件密切相关，并且提出区域内产出在黑色片岩中的金矿床都与海西期后碰撞岩浆热液活动存在密切的成因联系。

朱拉扎嘎金矿床的矿体主要产出在变质沉积岩中，矿床规模为 50t，平均品位为 4g/t，江思宏等通过硫铅同位素的研究指出，该矿床硫和铅的来源都主要与岩浆活动有关。该矿床流体包裹体的均一温度和盐度也指示了含矿流体具有岩浆起源的特征，同时氢氧同位素的特征指示了成矿流体具有天水和岩浆水混合的特征。李俊健测定出同矿化花岗斑岩的成岩年龄为（280±6）Ma，后矿化闪长玢岩的成岩年龄为（279.7±5.2）Ma。该矿床的成矿年龄为 275～280Ma，所以该矿床也是一个与后碰撞岩浆活动有关的海西期金矿化。

毕立赫金矿床是一个斑岩型金矿床，矿化多赋存在花岗闪长斑岩及上覆火山岩与火山碎屑岩接触带中，卿敏等利用辉钼矿铼锇的方法测出该矿床的成矿年龄为（272.7±1.6）Ma，路彦明等测出含金花岗闪长斑岩的成岩年龄为（283.8±4.2）～（279.9±6.8）Ma，成矿和成岩年龄较为相近，反映出毕立赫金矿床的形成与海西期岩浆活动密切相关。

通过上面的研究进展可以看出，这些产出在中亚造山带上的二叠纪金矿床，尽管产出位置和赋存形式存在明显的差异，但是它们都和海西晚期花岗岩类侵入活动以及伴随的热液活动存在明显的成因联系，即使是产出沉积岩中，也可以被认作是岩浆热液活动远端的产物。

1.2.4
图古日格金矿研究现状

（1）已开展的地质工作

图古日格金矿位于内蒙古自治区乌拉特中旗巴音杭盖苏木境内，东南距包头约270km，地理坐标为107°20′E、42°05′N（图1-1）。该地区的地质工作在1957年就已经开始，之后陆续进行了1：50万区域地质填图、1：100000航空磁测、1：5万区域地质填图、1：20万区域地球化学测量、1：10万金矿化探工作、地质普查和水文地质普查工作等基础地质工作。

1979～1980年，内蒙古地勘局第一区测队在该地区进行了1：20万地质矿产测量，并圈定了两片重砂异常区。

1995年，核工业西北地质局208大队在该地区进行了找矿工作，发现了7号和8号金矿体，并于1996年12月提交了《乌中旗图古日格金矿区1007、1008号矿体储量说明书》，提交资源储量为：矿石量8.4万吨，黄金金属量627kg。同期，核工业西北地质局和核工业西北地质局208大队对矿床进行了低品级矿石堆浸实验，并在此基础上筹建图古日格金矿。

1996年12月，中国人民武装警察部队黄金第十一支队在图古日格金矿2号脉群进行了地质普查工作，提交了《内蒙古自治区巴音杭盖金矿区普查报告》，提交资源储量为：矿石量143588t，黄金金属量990kg。后于1999年11月又提交了《内蒙古自治区乌拉特中旗巴音杭盖金矿区2号脉群岩金详查报告》，提交资源储量为：矿石量597758t，黄金金属量3320kg。

2007年4月，核工业208大队完成并提交了《内蒙古自治区乌拉特中旗图古日格矿区金矿资源储量核实报告》，提交资源储量为：矿石量786151t，Au金属量4017.66kg，Au平均品位 5.11×10^{-6}。

2010年5月，核工业208大队在矿区内主要矿体上施工了大量的钻探工程，并提交了《内蒙古自治区乌拉特中旗图古日格矿区岩金矿生产详查报告》，提交资源储量为：矿石量2210483t，金属量14034.69kg，Au平均品位 6.90×10^{-6}。

2012年5月，核工业208大队提交了《内蒙古自治区乌拉特中旗图古日格矿区金矿资源储量核实报告》，提交资源储量为：矿石量 1101364t，Au 金属量

5865.69kg，Au 平均品位 6.01×10^{-6}。

2012 年 9 月，核工业 208 大队提交了《内蒙古自治区乌拉特中旗图古日格矿区金矿 2010～2012 年地质工作总结报告》，提交资源储量为：矿石量 1944411t，Au 金属量 9624.57kg，平均品位 4.88×10^{-6}。

2014 年 1 月，核工业 208 大队提交了《内蒙古自治区乌拉特中旗图古日格矿区金矿区金矿详查报告》，提交资源储量为：矿石量 6074801t，Au 金属量 24318.34kg，平均品位 4×10^{-6}。

（2）研究现状及存在问题

图古日格金矿被发现后，许多地质学家对其进行了探索性的研究，并在矿石矿物特征、成矿流体、矿床成因等方面取得了一些研究成果。陈祥等对图古日格金矿各地质体稀土元素特征，石英的 H、O 以及矿石硫化物的 S、Pb 同位素做了一定的研究，但是数据量较少，而且没有给出样品处理情况和测试方法。张勇等对该矿床的矿石及金矿物特征进行了一定的研究，认为主要的载金矿物是褐铁矿和石英，金的赋存状态为包裹体金、裂隙金和晶隙金，金矿物为自然金和银金矿，但是并没有给出镜下照片。曹海清对该矿床的成因做了一定的分析，认为该矿床的成矿物质来源为壳源和幔源，成矿流体是以岩浆水为主的混合水，提出该矿床的类型为中高温、浅成岩浆热液型贫硫化物金矿床，但是并没有给出足够的证据，而且数据全是引用自陈祥等的文章。王辉对该矿床的基本地质特征进行了总结。李永等对图古日格金矿矿体的侧伏规律进行了一定的研究。刘翔等对该矿床 2 号矿体特征进行了论述。李鹏等也对该矿床的金矿石特征进行了论述。胡安新以该矿床为研究对象开展了一系列相关研究，对矿床的地质特征进行了综合描述，并开展了流体包裹体均一温度和盐度的测定，虽然提到了某些侵入岩的侵位年龄，但是并没有给出测试数据和可靠的年龄图解，此外还做了几件硫化物硫同位素的测定工作，最后把该矿床归为造山型金矿。

综上所述，前人针对图古日格金矿床所做的工作主要集中在基础地质的描述和总结上，虽然有研究者对该矿床进行了成因的研究，但是并没有给出足够的可信的数据，所以总体来说，对图古日格金矿床的科研工作相对贫乏，还有许多重要科学问题尚待解决：

① 图古日格金矿的成矿年龄、成因类型、成矿背景和成矿过程。

② 该矿床的成矿元素以及流体的来源以及成矿元素的运移和沉淀机制。

③ 矿区内广泛发育的各类侵入岩的侵位年龄。

④ 侵入岩体的地球化学以及同位素特征、各岩体之间的演化关系、物质来源和形成环境。

⑤ 区内广泛发育的岩浆岩与矿床形成之间的关系。

⑥ 地层的地球化学特征及其与矿床形成之间的关系。

⑦ 流体的运移路径，构造与矿床形成之间的关系。

⑧ 该矿床与兴蒙造山带乃至中亚造山带上同时期的金矿床之间的联系和区别。

1.3
研究内容与方法

针对兴蒙造山带二叠纪所处构造演化阶段的争议，以及图古日格金矿床矿床成因、成岩成矿时代、构造背景、岩体特征、成矿流体和成矿物质来源等关键问题，本书在系统的野外地质调查和详细的室内研究工作基础上，以图古日格金矿床的矿体（石）、岩体、地层、构造和成矿流体为主要研究对象，通过岩相学、元素地球化学、同位素地球化学、同位素年代学和流体包裹体测试等手段，深入剖析了金矿床的矿床地质特征、元素地球化学特征、同位素地球化学特征和成矿流体特征，以探讨金矿床的形成时代、成矿背景、成因类型、成矿机制、成矿过程、成矿流体的来源与类型、成矿物质的运移和富集沉淀机制，探讨成矿与岩浆活动、地层和构造的关系，建立成矿模型。并在此基础上展开了图古日格金矿与兴蒙造山带上二叠纪典型金矿的对比研究，以探讨兴蒙造山带二叠纪时期的构造背景、金矿成矿作用的动力学背景、华北地台北缘以及兴蒙造山带金矿成矿规律（图 1-2）。主要研究内容与方法包括：

① 全面收集前人工作成果，包括矿区地质勘查报告、研究报告、区域地质调查报告以及科研论著和文献，综合分析已有的研究成果和存在的问题，有针对性地开展研究工作。

② 对图古日格金矿床开展详细的矿床学研究，开展以路线地质观察和典型剖面测量为主的野外地质工作，了解工作区内地层、构造、岩浆岩演化特征，查明它们之间的空间分布关系；重点观察研究含矿地质体及矿体的产出特征、几何形态、接触关系、岩矿石类型和热液蚀变特征。在以上野外地质调查基础上，有针对性地采集岩（矿）石标本样品。

③ 选取代表性的岩矿（石）标本，磨制光（薄）片和包裹体片，碎样，挑选单矿物，为开展室内研究和各种地球化学测试做准备。

④ 对岩体、地层、蚀变带和矿石展开矿相学和电子探针研究，研究矿物共生关系、蚀变分带和金的赋存状态。

⑤ 开展同位素年代学研究，通过锆石 SHRIMP U-Pb 或 LA-ICP-MS U-Pb 方法对岩体年龄进行约束，通过黄铁矿 Re-Os 和绢云母 Ar-Ar 同位素定年来确定成矿作

用的时限。

⑥ 对代表性岩浆岩样品进行稀土元素、主量元素、微量元素、锶-钕-铅放射性同位素和硫同位素测试，研究岩浆的物源、形成构造背景，以及各岩浆之间的演化关系。

⑦ 对未蚀变的地层、岩浆岩样品进行金含量测试，探究矿石中金的来源以及岩浆岩中金含量随着岩浆演化的变化规律。

⑧ 对未蚀变的地层、岩浆岩样品以及矿石进行硫、铅同位素测试，对测试结果进行分析，判断矿石中硫和铅的来源。

⑨ 对黄铁矿进行标型特征分析，研究成矿流体类型和来源。

⑩ 对矿石中的石英进行氢-氧稳定同位素测试，对其中的流体包裹体进行均一温度、盐度和成分的测定，结合蚀变特征研究矿床形成条件、成矿流体类型及来源、金的运移方式以及成矿物质聚集机制，揭示成矿作用过程。

⑪ 判断岩浆活动、地层和构造活动与成矿作用的关系。

⑫ 综合分析图古日格金矿的成因类型、成矿背景和成矿过程。

⑬ 综合研究，建立综合性成矿模式。探讨兴蒙造山带二叠纪时期的构造背景、金矿成矿作用的动力学背景、华北地台北缘以及兴蒙造山带金矿成矿规律。

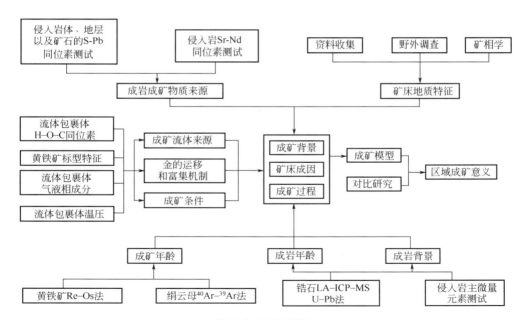

图1-2　技术路线图

1.4
已完成工作

笔者自 2013 年起先后多次前往图古日格矿区展开野外地质调查，了解了工作区内地层、构造、岩浆岩、蚀变和矿体（石）产出特征，以及它们之间的空间分布关系，并在野外地质调查基础上，有针对性地采集了大量岩（矿）石标本样品。同时，笔者也对朱拉扎嘎金矿、长山壕金矿、金蝉山金矿、安家营子金矿以及哈达门沟金矿等多个金矿进行了野外调研。在室内研究中，开展了一系列的鉴定和分析测试工作。具体工作量见表 1-1.

表 1-1 实际完成工作量

工作内容	完成工作量	工作内容	完成工作量
野外地质调查	60 天	包裹体气液相成分分析	15 件
路线地质调查	200km	金含量测试	20 件
野外实测剖面	200m	电子探针	200 点
矿床地质调查	8 处	显微照相	110 张
采取标本	150 件	硫同位素测试	30 件
野外照相	250 张	锶-钕同位素样品	15 件
磨制光薄片	150 片	O-H 同位素样品	30 件
磨制包裹体片	70 片	Pb 同位素测试	30 件
单矿物分选	150 件	LA-ICP-MS 年龄测试	5 件
主微量元素分析	50 件	黄铁矿 Re-Os 同位素测试	6 件
包裹体显微测温	30 片	绢云母 Ar-Ar	1 件

1.5
主要认识及创新

① 图古日格金矿矿区内侵入岩的 LA-MC-ICP-MS 锆石 U-Pb 测试结果表明，似斑状花岗岩的侵位年龄为（275.8±1.5）~（264.5±1.4）Ma（两件样品），花岗岩的侵位年龄为（278.7±1.0）Ma（N=19，$MSWD$=0.34），角闪石岩的形成时代为

（280.6±1.3）Ma（N=19，$MSWD$=0.39），蚀变闪长岩的侵位年龄为（288.0±2.6）Ma（N=13，$MSWD$=1.7），均属于二叠纪，黑云母花岗岩的侵位年龄为（415.1±2.1）Ma（N=14，$MSWD$=0.41），属于晚志留世。

② 图古日格金矿中黄铁矿 Re-Os 同位素的等时线年龄为（268±15）Ma，初始 $^{187}Os/^{188}Os$ 比值为 1.26 ± 0.69。绢云母 Ar-Ar 同位素的等时线年龄为（259.2±2.9）Ma（$MSWD$=5.4），$^{40}Ar/^{36}Ar$ 初始值为 292±17。结果表明，图古日格金矿床的成矿年龄为 268 ~ 259Ma，与似斑状花岗岩的活动时间（275.8 ~ 264.5Ma）相吻合。

③ 图古日格金矿矿区内的二叠纪侵入岩具有相似的 Sr-Nd-Pb 同位素组成，指示它们具有同源的特征。它们的 $\varepsilon_{Nd}(t)$ 值为 −6.6 ~ −3.8，初始锶同位素比值（$^{87}Sr/^{86}Sr$）$_i$ 为 0.70629 ~ 0.70799，初始 $^{206}Pb/^{204}Pb$ 比值为 18.113 ~ 18.392，初始 $^{207}Pb/^{204}Pb$ 比值为 15.535 ~ 15.594，初始 $^{208}Pb/^{204}Pb$ 比值为 38.133 ~ 38.473。初始同位素特征指示图古日格金矿的二叠纪侵入岩具有壳幔混源的性质，成岩物质主要来自亏损地幔，虽然受到了下地壳古老物质的混染，地幔物质仍然起了主导作用。

④ 图古日格金矿及矿区内二叠纪侵入岩形成的构造背景是碰撞后伸展环境，虽然侵入岩具有一些俯冲带侵入岩的地球化学特征，但是这些特征只是反映了岩石的岩浆源区受到了俯冲作用的影响，并不能代表其构造背景。兴蒙造山带在二叠纪所处的构造环境是碰撞后伸展环境，支持古亚洲洋闭合时间为晚泥盆世末-早石炭世末的观点。

⑤ 图古日格矿区内的二叠纪侵入岩为一套双峰式侵入岩，都属于高钾钙碱性系列。成岩过程为：俯冲背景下，在古老微地块底部形成了亏损地幔来源的新生下地壳，新生地壳在之后的构造活动中发生部分熔融，部分熔融形成的岩浆接受古老地壳物质的混染，当部分熔融程度高且受古老地壳物质混染程度较低时，则形成含有较多水分的基性岩浆，这种岩浆上侵形成闪长岩，由于物质成分和结晶条件非常适合角闪石的结晶析出，发生了角闪石的堆晶作用形成了角闪石岩。当熔融程度低且受古老地壳物质混染程度较高时，则形成花岗质岩浆，经过岩浆的扩散分异作用，演化形成花岗岩和似斑状花岗岩。

⑥ 图古日格金矿中黄铁矿的硫同位素 $\delta^{34}S_{CDT}$ 值为（−7.5 ~ −3.5）‰，平均值为 −5.88‰，侵入岩的 $\delta^{34}S_{CDT}$ 为（1.6 ~ 10.4）‰，平均值为 6.5‰，各个地层的 $\delta^{34}S_{CDT}$ 为（9.8 ~ 27.4）‰，平均值为 20.8‰。该金矿黄铁矿中的硫可能不是直接来自于矿区范围内的任何地质体，而可能是由矿区内二叠纪侵入岩中的硫，在氧化作用下经过硫同位素的分馏，演化而来。硫同位素的分馏使硫化物发生了重硫的亏损，造成了黄铁矿中的硫同位素 $\delta^{34}S_{CDT}$ 值低于侵入岩中的 $\delta^{34}S_{CDT}$ 值。

⑦ 图古日格金矿中方铅矿的 $^{206}Pb/^{204}Pb$ 为 18.11 ~ 18.178，$^{207}Pb/^{204}Pb$ 为 15.567 ~ 15.604，$^{208}Pb/^{204}Pb$ 为 38.185 ~ 38.339，通过方铅矿的铅同位素比值与各地

质体校正（成矿年龄，264Ma）后的铅同位素比值的对比可知，矿石中的铅元素可能主要来自岩浆热液，并受到了少量的地层混染。

⑧ 图古日格金矿的成矿流体是中高温、中低盐度的含有 O_2 和 SO_4^{2-} 的 $NaCl+CaCl_2+CO_2+H_2O$ 流体，成矿流体的 $\delta D_{V\text{-}SMOW}$ 值为 $-108.8‰ \sim -87.4‰$，平均值为 $-99.1‰$，$\delta^{18}O_水$ 值为 $1.1‰ \sim 6.9‰$，平均值为 $4.5‰$。氢、氧同位素组成以及黄铁矿标型特征表明，图古日格金矿的成矿流体主要来自岩浆水，并带有幔源特征，其在深部演化过程中可能经历了卤水相和蒸气相的不混溶分离作用，在浅部也可能经历了岩浆水和大气降水的混合作用。

⑨ 金的气相偏在性和蒸气冷却收缩模式，是图古日格金矿床富 Au、中低盐度和富 CO_2 的成矿流体的形成机制，成矿流体中的金主要是以硫氢络合物[$Au(HS)^0$、$Au(HS)_2^-$]的形式被运移。成矿过程中流体经历了沸腾（不混溶）作用，其流体包裹体就是在沸腾状态下从这两种性质不同的流体中捕获的（一种为较低盐度、富气相流体，另一种为高盐度、低气相流体），减压沸腾和氧化作用是该金矿金沉淀的主要机制。

⑩ 图古日格金矿的成矿流体与矿区内的似斑状花岗岩是"兄弟"关系，而不是"母子"关系，即岩浆热液（成矿流体）和似斑状花岗岩一样，都来自于深部花岗质岩浆房。图古日格金矿床的成因与花岗质岩浆活动密切相关。兴蒙造山带乃至整个中亚造山带，可能在二叠纪发育有一次与伸展背景下的花岗质岩浆活动有关的金成矿事件，找矿潜力巨大。

Chapter 2

第二章

区域地质背景

图古日格金矿的大地构造位置位于兴蒙造山带西端的宝音图隆起的中部,西拉木伦断裂和索伦-林西断裂之间的温都尔庙俯冲增生带西段。

宝音图隆起所在地区伴随兴蒙造山的构造演化,经历了多次构造活动,断裂发育,岩浆活动频繁,变形变质作用广泛,成矿地质条件优越,资源潜力巨大,是金成矿的有利地区,除了图古日格外,在准噶顺地区和哈尔陶勒盖地区,均已发现了多条石英脉和其他有经济价值的金异常。自20世纪50年代以来,我国地质工作者在宝音图隆起内先后发现了许多大、中型矿床及一大批小型矿床(点),如:乌拉特中旗金矿床、伊很查汗金矿床、图古日格金矿床、额尔登泯布拉格铜矿床、查干花钼矿床、查干德尔斯钼矿床、巴音查干铬铁矿床、哈达呼舒铬铁矿床和特颇格日图铁镍矿床等,所以该地区被认为是狼山成矿带北侧非常重要的铜、金、钼、镍等多金属成矿带,成矿潜力巨大,而且区内的矿床特别是金矿床与岩浆或岩浆热液关系密切,金矿床(点)主要分布在断裂构造带上,矿化与石英闪长岩、花岗闪长岩及花岗岩密切相关。

- 2.1 地层
- 2.2 构造
- 2.3 岩浆岩

2.1
地层

区域范围内的地层主要有下元古界宝音图群（Pt_1by）石英云母片岩、大理岩、石英岩，中元古界温都尔庙群（$ChJxW$）绿片岩和变粒砂岩，新元古界艾勒格庙组（Ana）白云岩，志留系中统徐尼乌苏组（S_2xn）灰岩，白垩系上统巴音戈壁组（K_2b）砖红色砂岩，古近系（E）砂岩、粉砂岩和第四系（Q）风成砂。

2.1.1
下元古界宝音图群

该套地层在区内大面积出露，属于中变质岩，其原岩为一套浅海相碎屑岩沉积建造，遭受过变形、变质和岩浆热事件的多次叠加改造。根据岩石组合特征，下元古界宝音图群（Pt_1by）可以划分为三个岩组，这三个岩组由下至上分别为：

第一岩组（Pt_1by^1）：石英岩、变粒岩组，出露面积较小，约 $17km^2$，主要分布于宝音图隆起中南部的达楞敖包和南部的巴润舒布恩一带。岩性组合为一套浅灰、灰、黄灰色石英岩、变粒岩夹二云石英片岩。该岩组下部与侵入岩体直接接触，上部与第二岩组（Pt_1by^2）呈断层接触，厚度 > 1136m。

第二岩组（Pt_1by^2）：石榴片岩组（图 2-1），出露面积也比较小，约 $25km^2$，主

图 2-1

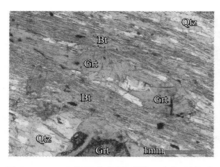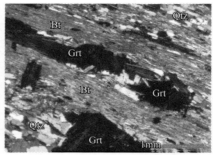

图 2-1　下元古界宝音图群第二岩组石榴石石英云母片岩手标本、单偏光和正交偏光照片

Qtz—石英；Grt—石榴子石；Bt—云母

要分布于图古日格金矿南部的哈布特盖和巴润毛德一带。岩性组合为一套灰、深灰色石榴二云石英片岩和石榴白云片岩，内部含有二云石英片岩、石榴白云母石英岩及蓝闪片岩透镜体。该岩组与下部第一岩组（Pt_1by^1）呈断层接触，与上部第三岩组（Pt_1by^3）呈整合接触，厚度 > 1612m。

第三岩组（Pt_1by^3）：石英岩大理岩组，该岩组出露面积较广，约 220km²，在宝音图隆起北部的大片区域都有出露。岩性组合为一套浅灰色、灰白色石英岩（图2-2）和大理岩（图 2-3），内部含有石榴石蓝晶石二云片岩和云母石英片岩夹层。

图 2-2　下元古界宝音图群第三岩组石英岩手标本和镜下照片

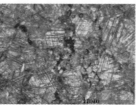

图 2-3　下元古界宝音图群第三岩组大理岩手标、单偏光和正交偏光照片

该岩性段与上部白垩系地层呈角度不整合接触，与下部第二岩组(Pt_1by^2)呈整合接触，地层厚度＞2372m。

2.1.2
其他地层

中元古界温都尔庙群（ChJxW）可分绿片岩组（$ChJxW^1$）和变质砂岩组（$ChJxW^2$）两个岩组。其中，变质砂岩组（$ChJxW^2$）主要为灰紫色粉砂岩和变质长石石英砂岩，内部含有板岩和灰岩夹层。该套岩组主要分布于284地区中北部，与下伏地层绿片岩组（$ChJxW^1$）呈整合接触。

新元古界艾勒格庙组（Ana）主要为白云岩，局部可见叠层石构造，该套地层主要分布于哈达呼舒以北和图古日格东北部地区，以飞来峰的形式覆盖于古生界地层之上。

志留系中统徐尼乌苏组（S_2xn）主要分布在哈达呼舒和图古日格东北部地区。岩组由下向上依次为灰色微晶质碎屑灰岩（＞1086m）、含砾复理石（＞3767m）和含大量泥质的复理石（＞3781m）。

白垩系上统巴音戈壁组（K_{2b}）主要为砖红色泥岩、砂岩和砂砾岩，地层厚度＞100m。主要分布于盆地和低缓平坦地带，大面积出露于矿区的东部和西部，是本区主要的覆盖层之一，不整合覆盖于志留系中统徐尼乌苏组（S_2xn）和宝音图群第三岩组（Pt_1by^3）之上，局部被第四系（Q）不整合覆盖。

古近系（E）岩层主要分布在图古日格矿区南部的巴音杭盖附近，东南部也有零星出露。该套岩层的岩性主要为橘黄色含砾中粗砂岩和粉砂岩，夹有少量泥岩，与下部白垩系上统岩层呈平行不整接触。

第四系（Q）地层主要为风成砂和冲洪积砂砾层，以风成砂为主，零星出露于矿区西南部和区内的沟谷低凹处，堆积厚度小且不均匀，厚度＜52m。

2.2
构造

研究区由于受古亚洲洋俯冲、板块碰撞、碰撞后伸展和太平洋俯冲等构造演化过程的影响，经历了多次构造活动，褶皱和断层构造都较为发育。图古日格金矿就位于一个北东向复式向斜的翼部。

研究区内褶皱的轴向以北东向为主，次为北北东和北东东向，部分褶皱发生了倒转。褶皱形成后受到了后期构造变动影响，发生了改造并产生褶皱叠加，破坏了褶皱的形态，使有些褶皱轴呈"S"形弯曲舒缓展布。研究区内大型褶皱构造主要见于志留系徐尼乌苏组和下元古界宝音图群地层中，小型褶皱构造主要发育于元古宇和古生界地层中。研究区内主体的褶皱构造是宝音图隆起，该褶皱发育于下元古界宝音图群地层中，呈北东向近菱形展布，南部以高家窑－乌拉特后旗－化德－赤峰大断裂为界，与狼山地区相邻。除了宝音图隆起，研究区内还发育有很多次级褶皱，如图古日格背斜、伊很查汗向斜、森吉向斜、古尔班乌兰复背斜和布尔罕特敖包次级背斜等。

区域内断裂构造发育充分，断裂构造纵横交错，构造岩、构造破碎带、断层擦痕到处可见。其中加里东期和海西期断裂发育尤为突出，后期断裂有继承性和改造性。研究区内断层性质多为逆断层，加里东期断裂的展布方向多为北东向和北东东向，海西期断裂的展布方向以北东向为主，其次为近东西向和北西向。一般大断裂的次一级断裂，特别是海西晚期区域性断裂构造派生的次一级断裂构造及裂隙，控制着重点地段内的金矿化。

本地区金矿化，受区域性构造分级控矿的现象明显，伊很查汗北西向断裂组（F14、F15、F16），图古日格岩体和呼和楚鲁岩体两侧的北北东向断裂组（F20），均属区域性大断裂，它们的次一级构造，控制着重点地段内的金矿化，特别是北西向张性断裂（F14、F15、F16）的次一级断裂构造控制着矿区内含金石英脉体的产出位置和产状。由于基础地质工程程度低，对于这些控矿的区域性断裂构造及其派生的次一级断裂构造的性质，认识尚不充分，有待进一步的研究和进行深部探索，构造控矿规律上的突破，将会给本区找矿带来更广阔的前景。

2.3
岩浆岩

区域范围内构造岩浆活动强烈，侵入岩分布广泛，岩性种类多样，从超基性岩到酸性岩均有发育。岩性主要有志留纪黑云母花岗岩、二叠纪蚀变闪长岩、花岗岩、似斑状花岗岩、角闪石岩、元古代片麻状花岗岩和二长花岗岩（图2-1），此外局部还有强烈蚀变的超基性岩体零星出露。

志留纪黑云母花岗岩的出露面积较广，一处分布于图古日格地区，称图古日格岩体，另一处在研究区南部，被称为哈尔敖包图岩体，均呈岩株状产出，岩体内发育有多条石英脉和其他脉体，且石英脉部分含金。二叠纪蚀变闪长岩主要出露在研究区中部，出露面积也较广，是含金石英脉赋存的主要岩体，岩体内有多条石英脉穿插，且部分石英脉发生了矿化，矿区最大的含矿石英脉7号矿体就产于其中。二叠纪似斑状花岗岩只在图古日格金矿矿区内出露，呈岩株状产出，岩体含金量较高$[(0.001 \sim 0.02) \times 10^{-6}]$，且发育有黄铁矿化、碳酸盐化、褐铁矿化、硅化和绢云母化，该岩体内发育有多条含金石英脉，是图古日格金矿床主要的赋矿围岩。二叠纪角闪石岩只在图古日格矿区零星出露，产出于蚀变闪长岩中，是本地区的一种超基性岩，岩性为具有黑色全晶质、中粗粒结构，块状构造，主要成分为角闪石。二长花岗岩主要分布于哲里木一带，被称为哲里木岩体，面积约$15km^2$，岩石呈灰白色，主要由微斜长石、更长石、石英和少量黑云母组成。片麻状花岗岩主要出露于伊很查汗以南，由于多期变质作用叠加，岩石原貌完全消失，次生节理发育，岩石具有强烈的蛇纹石化、碳酸盐化、滑石化和硅化特征。

研究区内岩脉广泛发育，类型主要有石英脉、花岗闪长岩脉、花岗岩脉、石英斑岩脉、闪长玢岩脉、碳酸岩脉等，与金矿化有关的主要是石英脉。这些脉体通常沿着裂隙分布，走向与构造线方向基本一致。石英脉呈近北西方向或北东方向延伸，宽度为$0.1 \sim 2.3m$，长度从几十米到上千米不等。石英脉中石英结晶程度低，少量结晶程度高，部分石英脉受多期次构造作用影响而较破碎，形成浅黄色的糜棱状石英脉。石英脉是研究区内金的主要载体，含金量一般在$(0.3 \sim 5) \times 10^{-6}$，局部地段特高品位金可达到$80 \times 10^{-6}$，矿区内的金矿体多数为石英脉矿体。石英斑岩脉（$\lambda\pi$）主要出露于研究区南部，呈北西方向延伸，长约500m，具有一定的金含量，但是金品位达不到金矿体的要求，石英斑岩脉受后期构造改造作用较小，脉体一般比较完整。

Chapter 3

第三章

矿床地质特征

- 3.1 矿区地层
- 3.2 矿区构造
- 3.3 矿区侵入岩
- 3.4 矿体特征
- 3.5 矿石矿物特征
- 3.6 金的赋存状态
- 3.7 围岩及蚀变
- 3.8 成矿期次和成矿阶段

3.1
矿区地层

矿区内出露的地层比较单一，除了在河谷处分布的第四系（Q）之外，仅在矿区东南部出露有下元古界宝音图群第三岩段（Pt_1by^3）。

下元古界宝音图群第三岩段（Pt_1by^3）：主要分布于图古日格金矿矿区东南部，面积约 1.2km²，地层厚度＞2372m。岩性组合以浅灰色、灰白色石英岩和大理岩为主，含有灰色石榴石蓝晶石二云片岩（图 3-1）和云母石英片岩夹层（图 3-2）。大理岩为中细粒结构，块状构造，岩石呈层状，内部含有云母石英片岩夹层；石英岩为灰黑色、亮灰色，致密块状构造，呈层状，层间夹有石英云母片岩；石英云母片岩中石英含量达 50%～60%，白云母、黑云母含量达 30%，含角闪石达 5%，部分地段可见石榴子石等矿物。

第四系（Q）主要分布于矿区中部北西向河槽、沟谷之中，主要为风成砂，厚度 4.5m 左右。

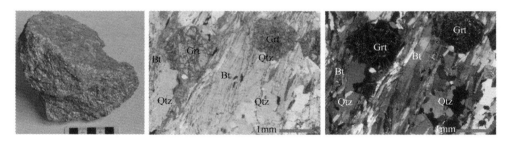

图 3-1　下元古界宝音图群第三岩组石榴石云母石英片岩手标本、单偏光和正交偏光照片

Qtz—石英；Grt—石榴子石；Bt—云母

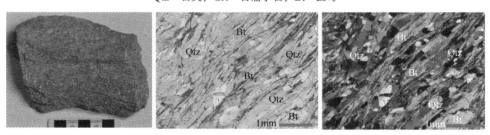

图 3-2　下元古界宝音图群第三岩组云母石英片岩手标本、单偏光和正交偏光照片

Qtz—石英；Bt—云母

3.2
矿区构造

图古日格金矿矿区内没有褶皱构造发育，但是矿区受一个区域性褶皱构造的控制，位于一个北东向复式向斜的翼部。该向斜中心为下元古界宝音图群第三岩组（Pt_1by^3），两翼为第二岩组（Pt_1by^2）和第一岩组（Pt_1by^1）。向斜核心被花岗岩和闪长岩等侵入体破坏，该矿床的矿体就主要产出在这些岩体之中。

在矿区范围内未见大的断裂构造，主要发育海西期北西向次级小断裂，这些断裂多为张性断裂，按走向可以大致分两组：第一组走向为 117° 左右，倾角较陡，倾向南西，局部反倾，向深部延伸较深；第二组走向为 140° 左右，倾角较缓，在 45°～55° 之间，倾向北东，向深部延伸较浅。这两组断裂在平面上呈"入"字形展布。经钻探和采矿坑道资料显示，部分第二组断裂错断和改造了第一组断裂，第一组断裂的形成时间可能早于第二组断裂。矿区内的北西向小断裂是图古日格金矿主要的控矿构造和容矿空间，矿床的矿体就赋存于这些北西向次级断裂中（图 3-3）。

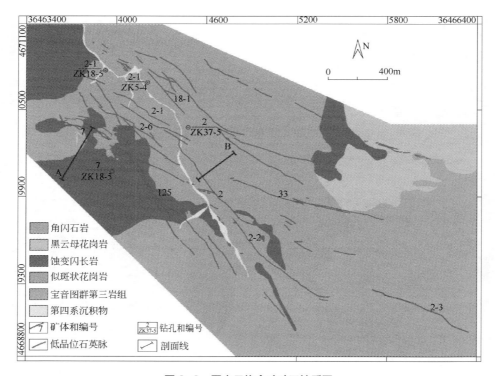

图 3-3　图古日格金矿矿区地质图

3.3
矿区侵入岩

矿区范围内侵入岩分布广泛，覆盖了矿区的大部分区域，这些侵入岩的岩性主要有志留纪黑云母花岗岩、蚀变闪长岩、角闪石岩、花岗岩和似斑状花岗岩。另外，矿区范围内的岩脉主要为含矿石英脉，这些石英脉在矿区内几乎随处可见，而且基本上都具有一定的金品位。石英脉主要发育在海西期北西向断裂中，虽然有膨胀收缩、分支复合、尖灭再现、尖灭侧现的现象，但其主体走向、倾向延伸相对比较稳定，品位相对较均匀，石英脉从地表到深部，总体上受后期构造、岩体破坏的影响程度较小，石英脉体错断、移位距离不大（1~5m）。

3.3.1
二叠纪似斑状花岗岩

似斑状花岗岩主要分布在矿区的中部，呈岩基状产出，是矿区范围内出露最大的岩体。似斑状花岗岩是该矿床主要的赋矿围岩，矿区内的大部分含金石英脉都呈北西向穿插其中。似斑状花岗岩手标本观察和镜下鉴定可知，似斑状花岗岩整体呈灰白-浅红色，自形-半自形似斑状结构，块状构造（图 3-4），主要由钾长石（长条状，自形程度较高，含量约为 60%）、石英（半自形-自形粒状，含量约为 25%）、斜长石（自形-半自形长条状、粒状，含量约为 10%）以及少量黑云母（约 2%）和角闪石（约 2%）组成；斑晶为钾长石，粒径最大可达 1.5cm（图 3-4）。

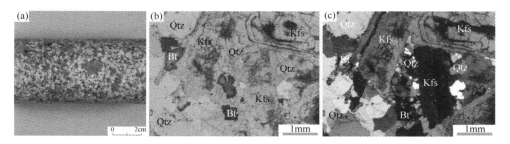

图 3-4　图古日格金矿二叠纪似斑状花岗岩手标本、单偏光和正交偏光照片

Qtz—石英；Kfs—钾长石；Bt—黑云母

3.3.2
二叠纪花岗岩

花岗岩在矿区范围内基本没有出露，主要分布于似斑状花岗岩的边部和深部，可能是似斑状花岗岩的边缘相产物。花岗岩手标本观察和镜下鉴定可知，花岗岩整体呈灰白色，中粗粒不等粒结构，块状构造（图3-5），主要由斜长石、钾长石、石英，以及少量的角闪石（5%）和黑云母（5%）组成，其中斜长石含量约为45%，呈半自形-自形长条状、粒状，绝大部分发生高岭土化和绢云母化，残留晶偶见聚片双晶纹；钾长石含量约为25%，呈自形长条状、粒状（不等粒），最大粒径可达1.0cm，自形程度较高，少量表面发生高岭土化，条纹结构常见，偶见环带结构；石英含量约为20%，呈他形粒状，表面较为光滑、干净（图3-5）。

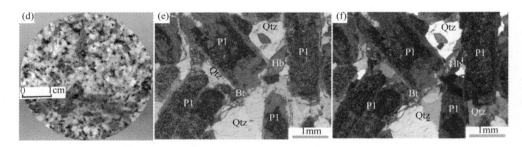

图3-5　图古日格金矿二叠纪花岗岩手标本、单偏光和正交偏光照片

Qtz—石英；Pl—斜长石；Bt—黑云母；Hb—角闪石

3.3.3
二叠纪蚀变闪长岩

蚀变闪长岩主要分布在矿区的西南部、西北部和东北部，出露面积仅次于似斑状花岗岩。该岩体内有多条石英脉穿插，且部分石英脉发生了矿化，矿区最大的含矿石英脉7号矿体就产于其中。蚀变闪长岩手标本观察和镜下鉴定可知，其整体呈黑色，中细粒结构，块状构造（图3-6），主要由角闪石、斜长石、黑云母（10%），以及少量的石英（5%）组成。其中斜长石约占25%，呈半自形-自形长条状、粒状，几乎全部发生绢云母化，残留晶聚片双晶纹依然保存；角闪石含量约为55%，蚀变较强，几乎全部蚀变为绿泥石，光性特征已不明显，仅偶可见角闪石残晶晶形（图3-6）。

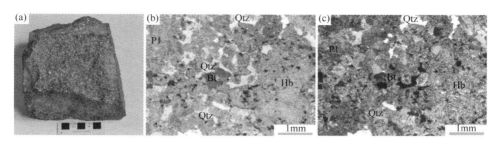

图 3-6　图古日格金矿二叠纪蚀变闪长岩手标本、单偏光和正交偏光照片

Qtz—石英；Pl—斜长石；Bt—黑云母；Hb—角闪石

3.3.4
二叠纪角闪石岩

　　角闪石岩在矿区内的出露面积较小，分布在矿区西部，产出于蚀变闪长岩中。角闪石岩手标本观察和镜下鉴定可知，角闪石岩整体呈深黑色，中粗粒结构，块状构造（图 3-7），主要由角闪石组成。其中角闪石含量约为 95%，呈中粗粒短柱状，局部颗粒可见简单双晶，部分颗粒解理发育较好，可见两组清晰的斜交解理，解理夹角 56°；斜长石含量约为 5%，半自形-自形长条状、粒状，几乎全部发生绢云母化，偶有保存较好者还可见斜长石的双晶纹（图 3-7）。

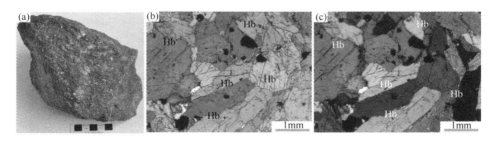

图 3-7　图古日格金矿二叠纪角闪石岩手标本、单偏光和正交偏光照片

Hb—角闪石

3.3.5

志留纪黑云母花岗岩

黑云母花岗岩主要分布于矿区的东北部。黑云母花岗岩手标本观察和镜下鉴定可知，其整体呈白色，中细粒结构，块状构造（图3-8），主要由微斜长石、斜长石、石英（25%），以及少量的黑云母（10%）组成。其中斜长石约占35%，呈半自形-自形长条状、粒状，几乎全部发生绢云母化，残留晶聚片双晶纹依然保存；微斜长石含量约为30%，保存完好，基本没有发生蚀变（图3-8）。

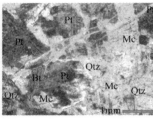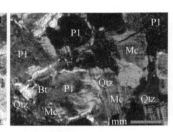

图3-8 图古日格金矿志留纪黑云母花岗岩手标本、单偏光和正交偏光照片
Qtz—石英；Pl—斜长石；Bt—黑云母；Mc—微斜长石

3.4
矿体特征

该矿床的矿体主要为石英脉型矿体，其次为夹石英细脉的蚀变岩型矿体，无论哪种矿体类型，均离不开石英脉型矿体的存在，有石英脉体，就可能有金的矿化，反之基本上见不到金的矿化。石英脉型矿体在深部会逐渐向蚀变岩型转变，随着开采深度的不断加深，蚀变岩型矿体正在成为该矿床的主要矿体。矿区内共有大小含金石英脉69条，这些石英脉主要填充在海西期北西向断裂中，在走向和倾向方向上延伸相对比较稳定，金含量相对较均匀，石英脉从地表到深部，总体上受后期构造、岩体破坏的影响程度较小，石英脉体错断、移位距离不大（1～5m）。

目前，矿区内共圈出具有工业价值的矿体14条，分别是7号、7-21号、7-22号、2号、2-1号、2-1-1号、2-1-2号、2-1-3号、2-2-号、2-3号、2-6号、18-1号、125号和33号金矿体（图3-3），各个矿体的产状、规模和品位特征见表3-1。

表 3-1　图古日格金矿矿区矿体特征一览表

矿石类型	矿体编号	矿体形态	规模/m		产状/(°)		厚度/m	Au 品位/(g/t)
			长度	斜深	倾向	倾角		
石英脉型	7	脉状	1008	742	210	44 ~ 90	2.26	4.04
	2		760	522	52	30 ~ 65	1.75	4.88
	2-2		951	525	52	30 ~ 55	2.3	4.89
	2-1		750	236	34	45 ~ 77	2.13	3.47
	2-3		746	262	200	76 ~ 86	1.56	5.50
	125		520	307	62	70 ~ 87	1.21	3.36
蚀变岩型	7-21		748	439	66	66 ~ 88	1.76	2.89
	7-22		749	441		67 ~ 87	1.52	3.23
	18-1		333	141	45	76 ~ 80	1.87	3.04
	2-6		444	412	34	73 ~ 85	1.65	3.22
	33		847	113		47 ~ 90	1.74	3.53
	2-1-1		531	143		45 ~ 75	2.19	2.96
	2-1-2		349	156	310	45 ~ 77	1.22	3.23
	2-1-3		364	240		45 ~ 77	3.66	3.55

这些金矿体的长度一般为 333 ~ 1008m，斜深 113 ~ 742m，平均厚度为 1.21 ~ 3.66m（图 3-9），平均品位为（2.89 ~ 5.50）×10⁻⁶。其中 2-1-1、2-1-2、2-1-3 为隐伏矿体，7、2、2-2、2-1、2-3、125 和 33 号矿体为石英脉型矿体，7-21、7-22、18-1、2-6、2-1-1、2-1-2、2-1-3 号矿体为夹石英细脉的蚀变岩型矿体。

该矿床矿体产状明显受北西向次级断裂控制，按走向可大致分两组：第一组走向 117° 左右（7、2-1、2-6 号等），倾角较陡，倾向南西，向深部延伸较深，厚度稳定，品位较高；第二组走向 140° 左右（2、2-2、18、125 号等），倾角较缓，在 45° ~ 55° 之间，倾向北东，矿体厚度一般在 60 ~ 200m 深时开始变小，500m 深处仅有蚀变显示（图 3-10）。这两组脉体在平面上呈"X"形、"入"字形展布（图 3-3）。

图 3-9

图 3-9　图古日格金矿矿体野外照片

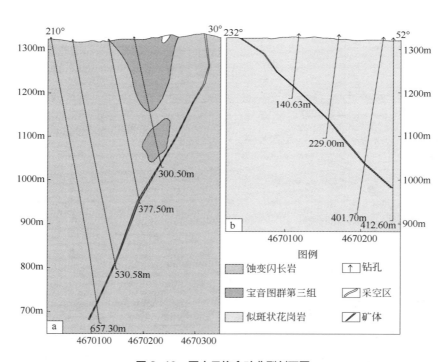

图 3-10　图古日格金矿典型剖面图

3.5
矿石矿物特征

　　图古日格金矿床金矿石可分为含金石英脉型矿石和含金蚀变岩型矿石两种（图3-11），前者是该矿床目前最主要的矿石类型，后者多位于深部，以矿化蚀变的似斑状花岗岩为主，虽然发现时间较晚，但是随着开采深度的不断增加，蚀变岩型矿石正逐渐成为该矿床的主要矿石类型。根据矿物组合特征的不同，石英脉型矿石可以被进一步划分为含金石英脉型（石英总含量可达90%～95%）、含金碳酸盐-石英脉型（碳酸盐矿物可占10%～25%）和含金多金属硫化物型（金属矿物含量5%～20%）。另外，图古日格金矿的石英脉在30m以上所见铁矿物多为高价铁（褐铁矿），为氧化矿石；30～60m黄铁矿和褐铁矿均可见到，为混合矿石；60m以下高价铁难见，为原生矿石。

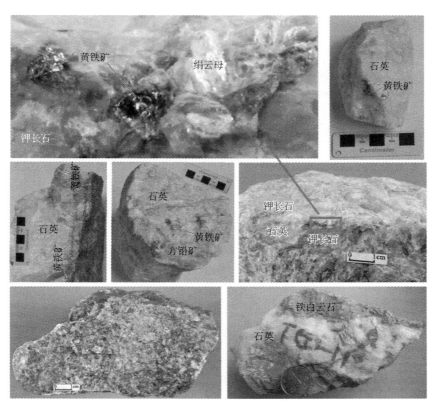

图3-11　图古日格金矿典型矿石照片

图古日格矿石一般具有细脉状或网脉状构造、稀疏浸染状构造和团块浸染状构造。细脉状或网脉状构造：有网脉状细小石英脉穿插在蚀变岩型矿石中，或者黄铁矿、黄铜矿或方铅矿等沿矿石裂隙充填，呈脉状构造；稀疏浸染状构造：自形或半自形晶黄铁矿、黄铜矿、方铅矿等呈稀疏浸染状产于脉石矿物中；团块浸染状构造：黄铁矿、方铅矿和黄铜矿等呈团块状聚集，产出于脉石矿物中，多以黄铁矿和方铅矿组合为主，形态不规则，大小不等。

矿石中主要的脉石矿物为石英，约占矿石的 70%～90%，次要为铁白云石、斜长石、绿泥石及黏土矿物等，其中石英、铁白云石主要分布在石英脉型矿石中；绿泥石、斜长石则多出现在蚀变岩型矿石中。石英是矿区内主要的载金矿物，呈灰白色、白色或烟灰色，细晶结构，脉状构造，铁白云石主要呈灰白色，灰褐色，粒状结构，块状构造，主要成分为含铁的 $CaCO_3$ 和 $MgCO_3$。

矿石中的主要金属矿物为黄铁矿、黄铜矿、闪锌矿、方铅矿和自然金，次要金属矿物为砷黝铜矿、辉锑铜矿、碲金矿、碲银矿、自然碲、碘银矿、锑银金矿和蓝铜矿等（图 3-12，表 3-2）。

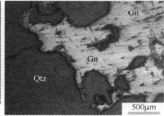

图 3-12　图古日格金矿矿石矿物镜下照片

Qtz—石英；Py—黄铁矿；Lm—褐铁矿；Gn—方铅矿

黄铁矿含量最高，占金属矿物总量的 85% 以上，黄铁矿分为两期，均呈自形或半自形粒状，早期以粗粒为主，是含金的主要矿物，与蚀变岩、石英脉等构成金矿石。晚期以细粒为主，基本不含金或微含金。

黄铜矿主要呈不规则他形粒状、脉状及网脉状分布于黄铁矿裂隙或颗粒之间，亦呈细小晶体浸染状分布在蚀变岩中，少数呈乳滴状产于黄铁矿中。黄铜矿与多种铋、碲的矿物以及方铅矿、自然金等共生。方铅矿在矿石中能见概率低于黄铜矿，多呈他形粒状集合体或呈脉状溶蚀、充填在黄铁矿裂隙和孔洞中。锑与碲矿物主要产于石英中，相互之间存在复杂的共生关系，但这些矿物的颗粒往往非常细小，多数只有几微米到几十微米，且交生在一起，只有更高分辨率如电子探针下，才能将各种矿物区分开来。

表3-2　图古日格金矿矿石矿物探针测试结果

单位：%

测点	S	Fe	Co	Ni	Cu	Zn	As	Se	Ag	Sb	Te	Au	Pb	矿物名称
107-1-01	0.38	0.28	0.17	0.36	0	0.07	0	0	0	0.15	0	98.28	0	自然金
107-1-02	0.49	1.65	0	0.38	0.24	0	0	0	0	0	0.03	97.76	0	自然金
107-1-04	0	8.53	0	0.33	0.33	0.12	0	0	0.07	0.12	0	89.97	0	自然金
112-1-01	0.43	3.1	0.09	0.31	0	0	0	0	1.95	0.09	0.11	93.77	0	自然金
126-3-08	0.36	0.21	0	0.29	0	0	0	0	2.65	0.08	2.67	93.35	0	自然金
ZS3-1-01	0	0.35	0.08	0.43	0.16	0	0	0	0.04	0	0	97.82	0	自然金
126-1-05	0.18	0.27	0.01	0.35	0.01	0	0	0.12	0.05	0	99.24	0	0	自然碲
123-6-12	0.51	1.54	0.07	0.57	0.86	0	0	0	48.2	0	35.73	11.19	0	碲金银矿
126-1-01	0.15	0.94	0.03	0.05	0.22	0.11	0.07	0.15	40.95	0	33.55	23.61	0	碲金银矿
126-1-03	1.14	2.78	0.12	0.17	0.13	0.37	0	0	39.43	0	33.15	23.55	0	碲金银矿
126-2-05	0.5	2.34	0.11	0.22	0	0.12	0	0	40.66	0	34.45	21.43	0	碲金银矿
126-2-06	0.75	3.02	0.07	0.27	0	0.09	0	0	39.87	0	33.01	22.37	0	碲金银矿
126-2-07	0.86	2.97	0	0.27	0.1	0	0	0.03	35.33	0	39.4	20.37	0	碲金银矿
126-6-05	0.25	2.09	0.01	0.24	0	0.26	0	0.05	40.48	0	33.46	23.13	0	碲金银矿
126-7-01	1.1	1.32	0	0.32	1.21	0.08	0	0.08	40.28	0	32.73	22.02	0	碲金银矿
126-2-02	0.64	2.4	0	0.33	0.38	0.07	0.07	0.13	54.44	0	43.17	0	0	碲金矿
126-3-02	0	0	0	0.26	0	0.1	0	0.09	0.83	0	57.33	41.22	0	碲金矿
126-3-04	0.11	0	0	0.09	0.09	0.1	0.1	0.09	0.95	0	57.33	40.69	0	碲金矿

续表

测点	S	Fe	Co	Ni	Cu	Zn	As	Se	Ag	Sb	Te	Au	Pb	矿物名称
126-3-06	0	0.05	0.04	0.07	0.13	0	0	0	0.32	0	57.06	41.02	0	碲金矿
126-3-09	0.35	0.15	0	0.36	0	0.13	0.06	0	9.92	0.13	0.22	88.12	0	银金矿
126-3-13	0	0	0.01	0.22	0.05	0	0	0	2.02	0	58.07	38.65	0	碲金矿
126-4-02	0.01	0.91	0	0.46	0.12	0.15	0	0	2.04	0	57.33	38.15	0	碲金矿
126-4-04	0.26	2.53	0	0.24	0.13	0	0	0	0.91	0	55.92	38.92	0	碲金矿
126-5-03	0	0	0.1	0.27	0.25	0	0	0	1.61	0	58.43	39.14	0	碲金矿
126-6-01	0.05	0.2	0	0.26	0.02	0	0	0	0.48	0	57.13	41.44	0	碲金矿
126-6-02	4.74	5.74	0.1	0.47	0	0	0	0.06	13.23	0	0	75.67	0	银金矿
126-7-02	0.09	1.3	0.07	0.25	0.34	0	0	0	2.4	0	58.71	35.99	0	碲金矿
115-1-01	0	0.07	0	0.27	0	0	0	0	0.73	0	57.16	40.37	0	碲金矿
115-1-02	0.29	1.33	0	0.39	0.14	0	0	0	0.6	0	56.48	39.89	0	碲金矿
126-2-09	0	0.04	0.09	0.06	0.01	0.06	0	0.06	26.56	0	72.38	0	0	碲银矿
126-2-01	0.2	1.7	0	0.44	0.01	0.11	0.03	0.04	55.12	0	42.62	0	0	碲银矿
107-2-01	0	0.21	0	0.16	0	0.29	0.03	0.02	0	0	40.26	0	58.69	碲铅矿
107-2-03	0	0.21	0	0.42	0	0.05	0	0	0.21	0	40.39	0	57.3	碲铅矿
107-2-02	13.03	0	0	0.21	0.03	0.07	0	0	0.03	0	0.35	1.49	83.94	方铅矿
126-2-03	12.52	3.13	0.03	0.23	0.23	0	0	0.1	0	0	0	0	82.74	方铅矿
126-3-10	13.48	1.51	0	0.38	0.09	0	0	0	0.02	0.06	0	1.4	74.17	方铅矿
126-4-01	13.14	0.19	0.06	0.1	0.17	0	0.05	0.2	0	0	0.2	1.35	84.34	方铅矿

续表

测点	S	Fe	Co	Ni	Cu	Zn	As	Se	Ag	Sb	Te	Au	Pb	矿物名称
126-5-01	12.78	0.06	0	0.33	0	0	0	0.18	0.03	0.29	0.44	1.45	83.64	方铅矿
126-5-02	12.93	0.07	0.01	0.17	0	0	0	0.01	0	0	0.47	1.68	84.28	方铅矿
126-5-04	12.41	0.27	0	0.25	0	0	0.04	0.11	0	0	0	0	85.85	方铅矿
130-1-01	12.66	0	0	0.19	0	0	0.1	0.18	0	0	0	0	85.44	方铅矿
130-1-03	12.56	0.11	0.2	0.35	0	0.03	0	0.05	0	0	0.25	0	84.86	方铅矿
ZS-2-01	27.19	0.19	0	0.08	39.43	7.21	12.36	0.4	0.2	11.51	0.31	0	0	砷黝铜矿
107-3-02	51.29	46.86	0.2	0.24	0.1	0	0.05	0.09	0.05	0.06	0.03	0	0	黄铁矿
112-1-03	51.3	45.98	0.23	0	0.02	0	0	0	0	0.04	0	1.24	0	黄铁矿
112-2-03	51.24	47.13	0.03	0.15	0	0.1	0	0	0.14	0.16	0.07	0	0	黄铁矿
126-1-02	52.15	47.23	0.16	0.1	0	0.15	0	0	0.11	0	0	0	0	黄铁矿
126-1-04	51.23	46.99	0.2	0.23	0	0.2	0	0	0.04	0.06	0	0	0	黄铁矿
126-2-04	51.39	47	0.27	0.21	0.06	0	0	0.04	0	0	0	0	0	黄铁矿
107-3-01	51.31	45.79	0.22	0.03	0	0.32	0.02	0	0.04	0	0	1.24	0	黄铁矿
126-2-08	51.17	46.47	0.02	0.08	0	0.03	0	0.11	0	0.11	0.14	0.95	0	黄铁矿
126-3-03	50.95	46	0.29	0.22	0	0.01	0.1	0	0	0	0	0.95	0	黄铁矿
126-3-07	51.52	45.78	0.31	0.23	0.13	0	0	0.01	0.08	0.04	0	0.93	0	黄铁矿
126-3-11	50.98	46.16	0.19	0.13	0	0	0.01	0	0	0.02	0.13	1.15	0	黄铁矿
126-4-05	51.86	45.84	0.05	0.16	0	0.2	0	0	0.06	0.08	0.05	1.14	0	黄铁矿
126-5-05	50.98	46.9	0.02	0.09	0.11	0.3	0	0	0.15	0.01	0	0	0	黄铁矿

续表

测点	S	Fe	Co	Ni	Cu	Zn	As	Se	Ag	Sb	Te	Au	Pb	矿物名称
126-6-04	51.3	46.62	0.16	0.16	0.06	0.3	0	0	0.13	0.02	0.15	0	0	黄铁矿
115-1-03	51.83	46.24	0.19	0.23	0	0.01	0	0	0	0	0	1.18	0	黄铁矿
136-1-01	51.21	46.9	0.16	0.24	0	0	0	0	0.09	0.04	0.09	0	0	黄铁矿
136-2-02	51.88	47.03	0.18	0.07	0.22	0	0.04	0	0	0	0.2	0	0	黄铁矿
ZS4-1-02	51.37	46.58	0.33	0.32	0.01	0.08	0	0	0	0	0.07	0	0	黄铁矿
TG14-7	52.91	45.95	0.36											黄铁矿
TG14-7-1	53.04	45.54	0.67					0.04						黄铁矿
TG14-19	52.77	46.02	0.29					0.02						黄铁矿
TG14-68-1	52.58	46.01	0.16	0.14			0.16							黄铁矿
TG14-68-2	52.79	46.15	0.07				0.13							黄铁矿
TG-14-69-1	52.92	45.83		0.16				0.13						黄铁矿
TG14-69-2	52.96	46.04					0.08	0.02						黄铁矿
TG-14-69-3	52.77	46.3		0.12										黄铁矿
TG14-18-1	53.05	45.96	0.11				0.1	0.08						黄铁矿
TG14-18-2	52.82	45.88	0.11	0.5			0.08							黄铁矿
TG14-18-3	52.91	45.99	0.25				0.07							黄铁矿
TG14-67	53.12	46.46		0.1										黄铁矿
126-6-3	18.94	0.15	0.14	0.07	0.15	0.15	0.03	0.01			1.19		59.99	铅矾
130-1-2	12.54	0.13		0.25	4.28			0.09			0.09		63.59	铝矾

续表

测点	S	Fe	Co	Ni	Cu	Zn	As	Se	Ag	Sb	Te	Au	Pb	矿物名称
136-1-2	21.98	1.11	0.07	0.32			0.00	0.25					55.89	铅矾
136-1-3	20.78	2.87	0.05	0.33	0.04	0.14	0.19	0.11					59.07	铅矾
136-2-1	20.97	2.36		0.64	0.31		0.04				0.63		60.23	铅矾
	S	Fe	Co	Ni	Cu	Zn	As	Se	Ag	Ca	Ba	P	Pb	
112-1-4		73.56								0.06				褐铁矿
112-1-2		72.40								0.04		0.12		褐铁矿
112-2-4		72.49								0.11		0.06		褐铁矿
107-1-3		72.23								0.09		0.25		褐铁矿
107-2-4		70.01								0.16			1.77	褐铁矿
107-4-1		70.43								0.17		0.08		褐铁矿
ZS3-1-2		69.41								0.10		0.18	3.39	褐铁矿
126-3-5		0.23								47.31		41.35		磷灰石
112-2-1	33.60	2.11									59.40	0.16		重晶石
112-2-2	34.62	1.67									60.36			重晶石
	S	Fe	Co	Ni	K	Ca	As	La	Ce	Pr	Nd	P	Pb	
ZS4-1-1		0.28			0.06	1.14		8.77	30.80	5.45	16.89	31.38		独居石

3.6
金的赋存状态

  该矿床矿石的金品位多在 1～9.95g/t 之间，平均为 4g/t，部分高品位矿石品位可达到 $882×10^{-6}$。矿石中的金以颗粒金为主，这些颗粒金主要以自然金、碲金矿和金银矿等的形式存在（表 3-2），且常与黄铁矿、黄铜矿、方铅矿和闪锌矿等共生，呈粒状、浸染状或脉状分布在乳白色或灰白色的石英脉中。金矿物或金矿物集合体主要呈细脉状、粒状和蠕虫状嵌布在石英或其他早期形成矿物（如黄铁矿，黄铜矿等）的晶隙或裂隙中，也呈细粒包裹体金的形式分布在载金矿物（石英、黄铁矿、毒砂、黄铜矿等）中（图 3-13）。另外，金也可以在含金矿物中以类质同象、混入物或吸附状态存在（图 3-13）。

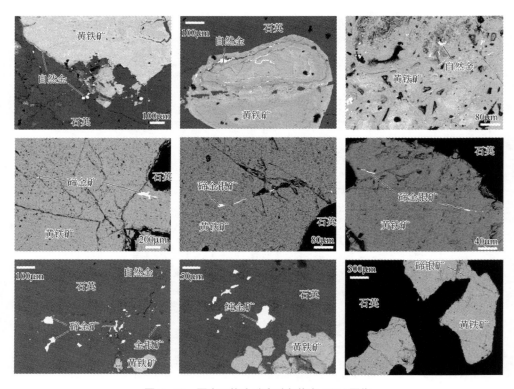

图 3-13　图古日格金矿金赋存状态 BSE 图像

3.7
围岩及蚀变

图古日格金矿的矿体基本上切穿了矿区内的所有岩层岩性，如似斑状花岗岩及蚀变闪长岩以及下元古界宝音图群石英岩、大理岩和云母石英片岩，但是主要产出于似斑状花岗岩中，其中 7 号矿体主要赋存在蚀变闪长岩中，2-3 号矿体赋存在下元古界宝音图群第三岩组中，其余矿体均产出在似斑状花岗岩中。

矿体与围岩界线清楚，一般接触面有一层 0.3 ~ 50cm 宽的黏土状蚀变，石英脉两侧的围岩蚀变发育明显，且会出现部分矿化，具有一定的金品位。距石英脉越近，围岩蚀变越强，蚀变类型主要有黄铁矿化、硅化、钾长石化、绢云母化、碳酸盐化、黏土化、高岭土化、绿帘石化、绿泥石化、褐铁矿化等，蚀变分带不明显。一般黄铁矿化、硅化、绢云母化是矿化较好的石英脉的围岩蚀变类型组合（图 3-10），有时也可以作为蚀变型金矿体，而黏土化、绿泥石化、绿帘石化则构成近矿蚀变围岩。

3.8
成矿期次和成矿阶段

根据图古日格金矿的野外地质特征、矿石特征和显微镜下矿物之间的相互关系，该金矿的成矿作用可划分为热液成矿期和表生成矿期 2 个成矿期，其中热液成矿期又可以被划分为钾长石-石英-黄铁矿阶段、石英多金属硫化物阶段和石英碳酸盐阶段。金矿化主要发生在石英多金属硫化物阶段（图 3-14）。

① 钾长石-石英-黄铁矿阶段主要形成的矿物为石英和钾长石，温度较高，黄铁矿在局部地段石英脉中少量发育；

② 石英多金属硫化物阶段为硫化物发育和金矿化形成的主要阶段，在这一阶段围岩中发生硅化、绢英岩化和黄铁矿化蚀变；

③ 石英碳酸盐阶段是热液成矿作用的晚期，热液温度降低，矿化一般不发育，常见石英或碳酸盐细脉充填于早期裂隙之中。

表生成矿期主要是原生矿物的氧化淋滤作用，硫化物被氧化，发生褐铁矿化和孔雀石化蚀变，金在这一时期会发生一定程度的富集，氧化淋滤作用多见于地表风化带。

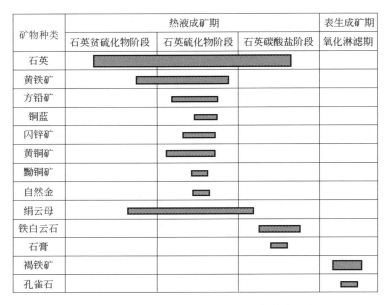

矿物种类	热液成矿期			表生成矿期
	石英贫硫化物阶段	石英硫化物阶段	石英碳酸盐阶段	氧化淋滤期
石英	▨▨▨▨▨▨▨▨▨▨			
黄铁矿	▨▨▨▨▨▨			
方铅矿		▨▨▨		
铜蓝		▨		
闪锌矿		▨		
黄铜矿		▨▨▨		
黝铜矿		▨		
自然金		▨		
绢云母	▨▨▨▨▨▨▨▨			
铁白云石			▨▨▨	
石膏			▨	
褐铁矿				▨▨
孔雀石				▨

图 3-14 图古日格金矿成矿阶段和矿物生成顺序

Chapter 4

第四章

成岩成矿年龄

　　本章采用锆石 LA-ICP-MS 铀铅定年法对矿区内的蚀变闪长岩、角闪石岩、黑云母花岗岩、花岗岩和似斑状花岗岩进行了成岩年龄的测定，利用黄铁矿 Re-Os 法和绢云母 Ar-Ar 法对该矿床进行了成矿年龄的测定，研究结果将为探讨成矿背景、矿床成因、建立成矿模型提供帮助，为今后深入探讨区域成矿作用、成矿动力学背景以及岩浆活动对成矿的贡献提供帮助。

- 4.1　侵入岩锆石 U-Pb 年龄
- 4.2　黄铁矿 Re-Os 年龄
- 4.3　绢云母 Ar-Ar 年龄

4.1
侵入岩锆石 U-Pb 年龄

4.1.1
样品采集、处理及分析测试

本章对图古日格矿区内主要的侵入岩（似斑状花岗岩、蚀变闪长岩、花岗岩、黑云母花岗岩和角闪石岩）进行了采样，且为了保证岩体样品的新鲜程度，排除风化等因素对测试结果的影响，所采的样品大部分是钻孔岩芯。TGY-12 和 TG14-38 为似斑状花岗岩样品，其中 TGY-12 采自 2 号脉 zk37-5 号钻孔 71.4m 深处岩芯（图 3-3），TG14-38 的采样位置为 107°34.311′E、42°09.814′N；TGY-07 为花岗岩样品，采自 7 号脉 zk18-5 号钻孔 298.5m 深处岩芯（图 3-3）；TG-17 为角闪石岩样品，采自 7 号脉 1 号竖井附近，采样位置坐标为：107°33′87″E、42°10′35″N（图 3-3）；TGY-18 为蚀变闪长岩样品，采自 2-1 号脉 ZK18-5 号钻孔 15m 深处岩芯（图 3-3）；Tg14-54 为黑云母花岗岩样品，采样点坐标为 107°39.241′E、42°13.415′N。这些样品的岩石学特征见第三章 3.3 节。

所采岩石样品的锆石挑选工作由廊坊科大岩石矿物分选技术服务公司完成，首先，将原岩样品人工破碎至 60～80 目以下，经淘洗后用电磁选、重选的方法选出重矿物，再在双目镜下挑选出单锆石颗粒。

锆石制靶和光学显微镜照相在由北京地时科技有限公司进行。首先从锆石颗粒中选出晶形完好和透明度较好的锆石，然后用环氧树脂制靶、抛光，之后对靶中的锆石进行阴极发光、透射光和反射光照相，所使用的阴极发光装置为 Gatan 公司生产的 MiniCL，电子光学显微系统为德国 LEO1450VP，最后根据这些照片为每个样品选取 25 个环带明显、干净、透明的点位，为 LA-MC-ICP-MS 锆石 U-Pb 定年测试分析做好准备。

LA-MC-ICP-MS 锆石 U-Pb 定年测试分析在中国地质科学院矿产资源研究所 LA-MC-ICP-MS 实验室完成，锆石定年分析所用仪器为 Finnigan Neptune 型 MC-ICP-MS 及与之配套的 Newwave UP 213 激光剥蚀系统。激光剥蚀所用斑束直径为 25μm，频率为 10Hz，能量密度约为 2.5J/cm²，以 He 为载气。信号较小的 ^{207}Pb，^{206}Pb，^{204}Pb（$+^{204}Hg$），^{202}Hg 用离子计数器（multi-ion-counters）接收，^{208}Pb，^{232}Th，^{238}U 信号用法拉第杯接收，实现了所有目标同位素信号的同时接收，并且不同质量数的峰基本上都是平坦的，进而可以获得高精度的数据，均匀锆石颗粒 $^{207}Pb/^{206}Pb$、$^{206}Pb/^{238}U$、$^{207}Pb/^{235}U$ 的测试精度（2σ）均为 2% 左右，对锆石标准的定年精度和准确度在 1%（2σ）左右。LA-MC-ICP-MS 激光剥蚀采样采用单点剥蚀的方式，数据分析前用锆石 GJ-1 进行调试仪器，使之达到最优状态，锆石 U-Pb 定年以锆石 GJ-1 为外标，U、Th 含量以锆石 M127（U:923ppm；Th:439ppm；Th/U: 0.475）为外标进行校正（1ppm=1×10^{-6}）。测试过程中在每测定 5～7 个样品前后重复测定两个锆石 GJ1 对样品进行校正，并测量一个锆石 Plesovice，观察仪器的状态以保证测试的精确度。数据处理采用 ICPMSDataCal 程序，测量过程中绝大多数分析点 $^{206}Pb/^{204}Pb > 1000$，未进行普通铅校正，^{204}Pb 由离子计数器检测，^{204}Pb 含量异常高的分析点可能受包体等普通 Pb 的影响，对 ^{204}Pb 含量异常高的分析点在计算时剔除，锆石年龄谐和图用 Isoplot 3.0 程序获得。详细实验测试过程可参见侯可军等的研究过程。样品分析过程中，Plesovice 标样作为未知样品的分析结果为（336±1.1）Ma（$n=10$，2σ），对应的年龄推荐值为 337.13±0.37Ma（2σ），两者在误差范围内完全一致。

4.1.2
样品锆石特点

锆石阴极发光照相（CL）是目前研究锆石内部结构和振荡环带最有效的方法。锆石的内部结构和形态特点广泛地被用来探讨其成因及形成时的物理、化学条件。

TGY-12 和 TG14-38 似斑状花岗岩样品的锆石晶型比较完整，略有破碎，自形良好，晶棱晶面清晰，呈短柱状，长约 120～260μm，宽约 60～120μm，长宽比约 2.5∶1～1.5∶1，阴极发光图中具有典型的岩浆锆石韵律环带，而且在部分锆石的核部包裹有呈浅色的继承锆石（图 4-1）。TGY-07 花岗岩样品的锆石比较完整，略有破碎，自形良好，晶棱晶面清晰，颜色较深，可能铀含量比较高，呈短柱状，长约 70～200μm，宽约 40～90μm，长宽比约 3∶1～1.5∶1，阴极发光图中具有典型的岩浆锆石韵律环带（图 4-1）。TG-17 角闪石岩样品的锆石较小，略有破碎，自形良好，晶棱晶面清晰，呈粒状、短柱状，长约 50～200μm，宽约 40～100μm，长宽比约 3∶1～1∶1，阴极发光图中具有典型的岩浆锆石韵律环带（图 4-1）。TGY-18 蚀变闪长岩样品的锆石自形良好，晶棱晶面清晰，呈长柱状，多发生了断裂，长约 150～300μm，宽约 40～80μm，长宽比约 6∶1～2∶1，阴极发光图中韵律环带发育不明显（图 4-1）。TG14-54 黑云母花岗岩样品的锆石晶型比较完整，略有破碎，自形良好，晶棱晶面清晰，呈柱状，长约 110～240μm，宽约 60～110μm，长宽比约 4.5∶1～1.5∶1，阴极发光图中具有典型的岩浆锆石韵律环带，而且在部分锆石的核部包裹有呈浅色的继承锆石（图 4-1）。

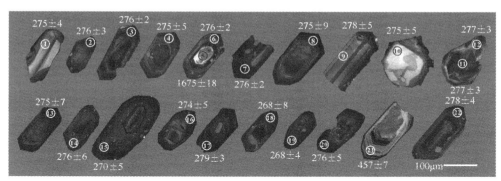

(a) TGY-12

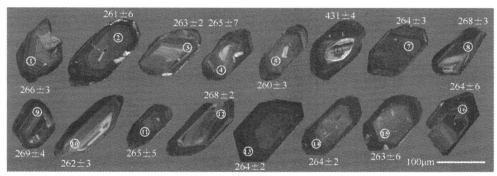

(b) TG14-38

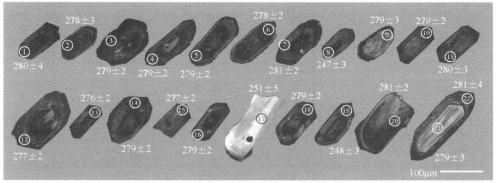

(c) TGY-07

图 4-1

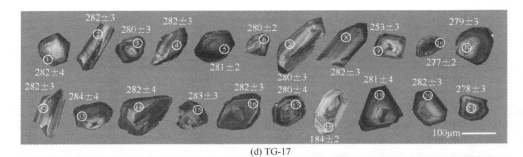

(d) TG-17

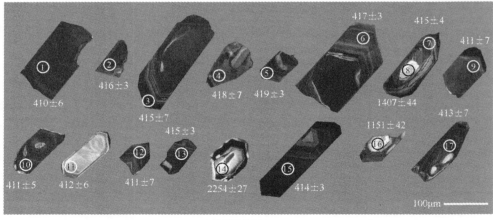

(e) TGY-18

(f) TG14-54

图 4-1　图古日格侵入岩锆石阴极发光（CL）图像和 LA-ICP-MS 测试位置

4.1.3

测试结果

在所获得的测试点数据中，为了减少继承铅、铅丢失等对年龄的影响，我们对那些在 $^{207}Pb/^{235}U \sim {}^{206}Pb/^{238}U$ 图中谐和度低于 90% 的年龄数据进行了剔除，最后得到的测试数据如表 4-1 所示。

TGY-12 似斑状花岗岩样品锆石的测试结果中，共有 22 个点位的测试数据的谐和度高于 90%（表 4-1），由这些数据可以看出，TGY-12 样品中锆石的 ^{238}U 含量为 $83\times10^{-6} \sim 1856\times10^{-6}$，$^{232}Th$ 含量为 $38\times10^{-6} \sim 900\times10^{-6}$，$^{232}Th/^{238}U$ 比值为 0.12 ~ 1.26，绝大多数介于 0.12 ~ 0.65 之间，获得的 $^{206}Pb/^{238}U$ 年龄值变化范围为 268 ~ 1675Ma，绝大多数年龄在 268 ~ 279Ma 之间，去掉 2 个异常测点（5、21）年龄值，其他 20 个测试点的年龄结果十分一致，在谐和曲线年龄图中（图 4-2），这些数据均分布于谐和线上，且呈群分布，其 $^{206}Pb/^{238}U$ 加权平均年龄为（275.8±1.5）Ma（$N=20$，$MSWD=0.42$），代表了该组锆石的结晶年龄（图 4-2）。点 5（1675Ma）、点 21（457Ma）的年龄值明显偏大，点 5 的剥蚀位置位于锆石的核部（图 4-1），可能代表了继承核的形成时代；点 21 所处的锆石和其他锆石的明暗程度存在明显的差别（图 4-1），可能代表了较早期的岩浆活动。

TG14-38 似斑状花岗岩样品锆石的测试结果中，共有 16 个点位的测试数据的谐和度高于 90%（表 4-1），由这些数据可以看出，TG14-38 样品中锆石的 ^{238}U 含量为 $152\times10^{-6} \sim 602\times10^{-6}$，$^{232}Th$ 含量为 $116\times10^{-6} \sim 363\times10^{-6}$，$^{232}Th/^{238}U$ 比值为 0.39 ~ 1.42，绝大多数介于 0.39 ~ 0.76 之间，获得的 $^{206}Pb/^{238}U$ 年龄值变化范围为 260 ~ 431Ma，绝大多数年龄在 260 ~ 269Ma 之间，去掉 1 个异常测点（6）年龄值，其他 15 个测试点的年龄结果十分一致，在图 4-2 中，这些数据均分布于谐和线上，且呈群分布，其 $^{206}Pb/^{238}U$ 加权平均年龄为（264.5±1.4）Ma（$N=15$，$MSWD=0.66$），代表了该组锆石的结晶年龄（图 4-2）。点 6（431Ma）的年龄值明显偏大，其剥蚀位置位于锆石的核部（图 4-1），可能代表了继承核的形成时代。

TGY-07 花岗岩样品锆石的测试结果中，共有 22 个点位的测试数据的谐和度高于 90%（表 4-1），由这些数据可以看出，TGY-07 样品中锆石的 ^{238}U 含量为 $81\times10^{-6} \sim 1785\times10^{-6}$，$^{232}Th$ 含量为 $60\times10^{-6} \sim 782\times10^{-6}$，$^{232}Th/^{238}U$ 比值为 0.29 ~ 0.88，获得的 $^{206}Pb/^{238}U$ 年龄值变化范围为 247 ~ 281Ma，绝大多数年龄在 276 ~ 281Ma 之间，去掉 3 个异常测点（8、17、19）年龄值，其他 19 个测试点的年龄结果十分一致，在图 4-2 中，这些数据均分布于谐和线上，且呈群分布，其 $^{206}Pb/^{238}U$ 加权平均年龄为（278.7±1.0）Ma（$N=19$，$MSWD=0.34$），代表了该组锆石的结晶年龄（图 4-2）。点 8（247Ma）、点 17（251Ma）和点 19（248Ma）的年龄值明显偏小，点

表 4-1 图古日格金矿区侵入岩锆石 LA-ICP-MS U-Pb 年龄测试结果

	Pb /× 10⁻⁶	²³²Th /× 10⁻⁶	²³⁸U /× 10⁻⁶	Th/U	²⁰⁷Pb/²⁰⁶Pb 比值	1σ	²⁰⁷Pb/²³⁵U 比值	1σ	²⁰⁶Pb/²³⁸U 比值	1σ	²⁰⁸Pb/²³²Th 比值	1σ	²⁰⁷Pb/²⁰⁶Pb /Ma	1σ	²⁰⁷Pb/²³⁵U /Ma	1σ	²⁰⁶Pb/²³⁸U /Ma	1σ	²⁰⁸Pb/²³²Th 年龄/Ma	1σ	Con. /%
TGY12																					
TGY12-1	10.79	179.42	207.95	0.86	0.05228	0.00295	0.31316	0.01787	0.04354	0.00072	0.01326	0.00054	298.2	127.8	276.6	13.8	274.7	4.4	266.2	10.8	99
TGY12-2	66.13	662.42	1405.24	0.47	0.05457	0.00190	0.32934	0.01114	0.04377	0.00046	0.01317	0.00046	394.5	75.0	289.1	8.5	276.2	2.8	264.4	9.2	95
TGY12-3	56.85	477.44	1243.03	0.38	0.05215	0.00098	0.31491	0.00612	0.04379	0.00035	0.01283	0.00037	300.1	44.4	278.0	4.7	276.3	2.1	257.6	7.4	99
TGY12-4	33.80	338.28	704.22	0.48	0.05373	0.00240	0.32333	0.01718	0.04355	0.00076	0.01526	0.00065	366.7	101.8	284.5	13.2	274.8	4.7	306.2	12.9	96
TGY12-5	41.58	80.30	124.17	0.65	0.11253	0.00437	4.59533	0.16149	0.29680	0.00363	0.06463	0.00277	1840.4	70.4	1748.4	29.3	1675.4	18.1	1265.8	52.7	95
TGY12-6	48.41	424.77	1048.12	0.41	0.05419	0.00196	0.32603	0.01133	0.04368	0.00036	0.01304	0.00042	388.9	81.5	286.5	8.7	275.6	2.2	261.8	8.3	96
TGY12-7	69.83	401.33	1584.58	0.25	0.05226	0.00133	0.31506	0.00812	0.04372	0.00038	0.01249	0.00040	298.2	57.4	278.1	6.3	275.9	2.4	250.8	7.9	99
TGY12-8	62.51	358.89	1437.00	0.25	0.05627	0.00143	0.32371	0.00717	0.04358	0.00048	0.01374	0.00048	464.9	57.4	284.8	5.5	275.0	9.2	275.7	9.5	96
TGY12-9	19.52	346.24	363.12	0.95	0.05368	0.00439	0.32391	0.02395	0.04408	0.00074	0.01305	0.00062	366.7	185.2	284.9	18.4	278.0	4.6	262.1	12.4	97
TGY12-10	3.89	42.98	82.99	0.52	0.05319	0.00370	0.31406	0.02164	0.04359	0.00086	0.01197	0.00064	344.5	157.4	277.3	16.7	275.0	5.3	240.5	12.7	99
TGY12-11	38.69	857.91	682.16	1.26	0.05343	0.00205	0.32245	0.01199	0.04385	0.00041	0.01203	0.00036	346.4	87.0	283.8	9.2	276.7	2.5	241.7	7.1	97
TGY12-12	27.35	529.37	506.48	1.05	0.05225	0.00152	0.31500	0.00926	0.04385	0.00045	0.01174	0.00033	298.2	66.7	278.0	7.1	276.7	2.8	235.8	6.5	99
TGY12-13	89.23	899.55	1856.41	0.48	0.05289	0.00122	0.32203	0.00820	0.04364	0.00106	0.01187	0.00042	324.1	21.3	283.5	6.3	275.4	6.5	238.5	8.3	97
TGY12-14	27.10	184.76	575.76	0.32	0.05300	0.00269	0.32069	0.01803	0.04369	0.00090	0.01363	0.00054	327.8	114.8	282.4	13.9	275.7	5.6	273.7	10.7	97
TGY12-15	36.41	185.79	820.63	0.23	0.05499	0.00286	0.32228	0.01584	0.04272	0.00077	0.01412	0.00047	413.0	112.0	283.7	12.2	269.7	4.7	283.4	9.4	94
TGY12-16	43.15	273.98	954.96	0.29	0.05465	0.00240	0.32907	0.01802	0.04334	0.00084	0.01396	0.00050	398.2	98.1	288.9	13.8	273.5	5.2	280.3	10.0	94

续表

	Pb /×10⁻⁶	²³²Th /×10⁻⁶	²³⁸U /×10⁻⁶	Th /U	²⁰⁷Pb/²⁰⁶Pb 比值	1σ	²⁰⁷Pb/²³⁵U 比值	1σ	²⁰⁶Pb/²³⁸U 比值	1σ	²⁰⁸Pb/²³²Th 比值	1σ	²⁰⁷Pb/²⁰⁶Pb /Ma	1σ	²⁰⁷Pb/²³⁵U /Ma	1σ	²⁰⁶Pb/²³⁸U /Ma	1σ	²⁰⁸Pb/²³²Th 年龄 /Ma	1σ	Con. /%
TGY12-17	74.09	474.59	1623.58	0.29	0.05203	0.00181	0.31888	0.01146	0.04426	0.00049	0.01194	0.00028	287.1	79.6	281.0	8.8	279.2	3.0	240.0	5.7	99
TGY12-18	49.83	429.69	1132.53	0.38	0.05205	0.00224	0.30507	0.01281	0.04243	0.00134	0.00943	0.00028	287.1	98.1	270.4	10.0	267.9	8.3	189.6	5.7	99
TGY12-19	32.29	272.81	722.92	0.38	0.05189	0.00277	0.30505	0.01651	0.04251	0.00070	0.01120	0.00047	279.7	122.2	270.3	12.8	268.4	4.3	225.2	9.4	99
TGY12-20	61.44	436.56	1356.80	0.32	0.05250	0.00135	0.31653	0.00897	0.04371	0.00077	0.01171	0.00027	305.6	54.6	279.2	6.9	275.8	4.8	235.3	5.3	98
TGY12-21	22.86	38.21	308.17	0.12	0.05867	0.00299	0.58073	0.02163	0.07339	0.00129	0.01942	0.00103	553.7	111.1	464.9	13.9	456.6	7.7	388.8	20.4	98
TGY12-22	48.93	383.30	1041.10	0.37	0.05315	0.00114	0.32290	0.00772	0.04403	0.00057	0.01261	0.00034	344.5	48.1	284.1	5.9	277.8	3.5	253.2	6.8	97
TGY07																					
TGY07-01	62.60	782.33	1295.12	0.60	0.05270	0.00187	0.32400	0.01185	0.04441	0.00059	0.01015	0.00040	316.7	81.5	285.0	9.1	280.1	3.7	204.1	8.0	98
TGY07-02	55.63	641.88	1106.40	0.58	0.05249	0.00122	0.31894	0.00694	0.04413	0.00044	0.01232	0.00038	305.6	56.5	281.1	5.3	278.4	2.7	247.5	7.7	99
TGY07-03	40.48	256.86	860.13	0.30	0.05528	0.00120	0.33786	0.00709	0.04431	0.00033	0.01352	0.00045	433.4	48.1	295.5	5.4	279.5	2.1	271.4	9.1	94
TGY07-04	50.83	466.17	1054.51	0.44	0.05254	0.00106	0.32062	0.00652	0.04415	0.00030	0.01216	0.00041	309.3	46.3	282.4	5.0	278.5	1.9	244.3	8.2	98
TGY07-05	65.74	638.13	1349.19	0.47	0.05489	0.00108	0.33533	0.00685	0.04417	0.00035	0.01214	0.00045	409.3	42.6	293.6	5.2	278.6	2.1	243.9	8.9	94
TGY07-06	68.33	562.21	1438.99	0.39	0.05428	0.00097	0.33081	0.00600	0.04409	0.00029	0.01272	0.00053	383.4	38.9	290.2	4.6	278.1	1.8	255.5	10.6	95
TGY07-07	53.00	381.70	1099.84	0.35	0.05776	0.00129	0.35438	0.00710	0.04463	0.00038	0.01395	0.00055	520.4	48.1	308.0	5.3	281.5	2.3	280.1	10.9	90
TGY07-08	53.36	568.99	1247.49	0.46	0.05348	0.00126	0.28826	0.00661	0.03913	0.00043	0.01069	0.00039	350.1	86.1	257.2	5.2	247.4	2.6	215.0	7.8	96
TGY07-09	18.04	261.90	355.61	0.74	0.04949	0.00144	0.30167	0.00870	0.04426	0.00045	0.01144	0.00040	172.3	68.5	267.7	6.8	279.2	2.8	230.0	8.0	95

续表

	Pb /×10⁻⁶	232Th /×10⁻⁶	238U /×10⁻⁶	Th/U	207Pb/206Pb 比值	1σ	207Pb/235U 比值	1σ	206Pb/238U 比值	1σ	208Pb/232Th 比值	1σ	207Pb/206Pb /Ma	1σ	207Pb/235U /Ma	1σ	206Pb/238U /Ma	1σ	208Pb/232Th 年龄/Ma	1σ	Con. /%
TGY07-10	72.82	559.19	1535.94	0.36	0.05097	0.00091	0.31140	0.00549	0.04430	0.00032	0.01299	0.00044	239.0	40.7	275.3	4.3	279.5	2.0	260.9	8.7	98
TGY07-11	49.08	512.60	1001.65	0.51	0.05361	0.00109	0.32810	0.00698	0.04436	0.00041	0.01270	0.00046	353.8	78.7	288.1	5.3	279.8	2.5	255.1	9.2	97
TGY07-12	39.58	299.35	845.71	0.35	0.05218	0.00098	0.31662	0.00603	0.04397	0.00029	0.01283	0.00050	294.5	47.2	279.3	4.6	277.4	1.8	257.6	10.0	99
TGY07-13	86.96	724.04	1785.38	0.41	0.05571	0.00087	0.33680	0.00558	0.04376	0.00030	0.01535	0.00222	442.6	35.2	294.7	4.2	276.1	1.9	307.9	44.2	93
TGY07-14	57.03	529.75	1188.64	0.45	0.05267	0.00106	0.32120	0.00672	0.04416	0.00034	0.01269	0.00044	322.3	13.9	282.8	5.2	278.6	2.1	254.8	8.7	98
TGY07-15	46.08	414.75	974.06	0.43	0.05146	0.00104	0.31244	0.00657	0.04398	0.00036	0.01260	0.00042	261.2	46.3	276.1	5.1	277.5	2.2	253.1	8.4	99
TGY07-16	47.58	478.60	978.72	0.49	0.05732	0.00120	0.34834	0.00673	0.04418	0.00034	0.01266	0.00040	505.6	46.3	303.5	5.1	278.7	2.1	254.2	8.0	91
TGY07-17	3.82	60.20	81.63	0.74	0.04802	0.00322	0.25445	0.01531	0.03972	0.00074	0.01218	0.00053	98.2	151.8	230.2	12.4	251.1	4.6	244.6	10.7	91
TGY07-18	64.44	762.09	1315.65	0.58	0.05288	0.00104	0.32311	0.00668	0.04427	0.00037	0.01187	0.00037	324.1	44.4	284.3	5.1	279.2	2.3	238.5	7.5	98
TGY07-19	63.16	759.51	1500.63	0.51	0.05291	0.00116	0.28690	0.00680	0.03929	0.00046	0.00959	0.00036	324.1	48.1	256.1	5.4	248.4	2.8	192.9	7.3	96
TGY07-20	20.88	331.52	392.86	0.84	0.05147	0.00173	0.31523	0.01039	0.04454	0.00040	0.01203	0.00039	261.2	80.5	278.2	8.0	280.9	2.5	241.6	7.9	99
TGY07-21	8.06	133.12	153.45	0.87	0.05342	0.00266	0.32213	0.01558	0.04420	0.00055	0.01165	0.00043	346.4	113.0	283.5	12.0	278.8	3.4	234.0	8.5	98
TGY07-22	50.59	662.89	994.38	0.67	0.05607	0.00123	0.34184	0.00739	0.04452	0.00066	0.01227	0.00039	453.8	48.1	298.6	5.6	280.8	4.1	246.5	7.8	93
TG17-01	19.68	247.02	407.71	0.61	0.05382	0.00183	0.33168	0.01264	0.04465	0.00068	0.01187	0.00041	364.9	77.8	290.8	9.6	281.6	4.2	238.5	8.1	96
TG17-02	29.98	537.40	535.14	1.00	0.05304	0.00147	0.32686	0.00967	0.04466	0.00052	0.01340	0.00042	331.5	63.0	287.2	7.4	281.7	3.2	269.1	8.4	98

续表

样品	Pb /×10⁻⁶	²³²Th /×10⁻⁶	²³⁸U /×10⁻⁶	Th/U	²⁰⁷Pb/²⁰⁶Pb 比值	1σ	²⁰⁷Pb/²³⁵U 比值	1σ	²⁰⁶Pb/²³⁸U 比值	1σ	²⁰⁸Pb/²³²Th 比值	1σ	²⁰⁷Pb/²⁰⁶Pb /Ma	1σ	²⁰⁷Pb/²³⁵U /Ma	1σ	²⁰⁶Pb/²³⁸U /Ma	1σ	²⁰⁸Pb/²³²Th 年龄/Ma	1σ	Con. /%
TG17-03	39.89	475.70	829.10	0.57	0.05269	0.00116	0.32120	0.00680	0.04439	0.00047	0.01254	0.00044	316.7	50.0	282.8	5.2	280.0	2.9	251.8	8.7	98
TG17-04	24.04	284.17	493.62	0.58	0.05052	0.00151	0.31024	0.00935	0.04474	0.00056	0.01248	0.00051	220.4	68.5	274.4	7.2	282.1	3.5	250.8	10.1	97
TG17-05	54.91	668.83	1119.98	0.60	0.05544	0.00122	0.33995	0.00690	0.04460	0.00036	0.01179	0.00041	431.5	45.4	297.1	5.2	281.3	2.2	237.0	8.2	94
TG17-06	31.99	400.94	659.19	0.61	0.05245	0.00132	0.31989	0.00782	0.04436	0.00040	0.01164	0.00040	305.6	52.8	281.8	6.0	279.8	2.5	234.0	8.1	99
TG17-07	16.27	232.61	326.94	0.71	0.05188	0.00159	0.31669	0.00975	0.04439	0.00046	0.01201	0.00042	279.7	70.4	279.4	7.5	280.0	2.8	241.2	8.4	99
TG17-08	21.41	358.65	406.69	0.88	0.05027	0.00164	0.30779	0.00985	0.04469	0.00049	0.01263	0.00042	209.3	75.9	272.5	7.6	281.8	3.0	253.8	8.4	96
TG17-09	23.57	330.52	527.13	0.63	0.05158	0.00208	0.28404	0.01094	0.04010	0.00047	0.01094	0.00041	264.9	97.2	253.9	8.6	253.5	2.9	219.9	8.3	99
TG17-10	60.09	844.00	1239.46	0.68	0.05713	0.00111	0.34764	0.00719	0.04398	0.00030	0.01021	0.00038	498.2	42.6	302.9	5.4	277.5	1.9	205.4	7.7	91
TG17-11	12.00	175.42	236.22	0.74	0.04981	0.00206	0.30149	0.01215	0.04423	0.00050	0.01213	0.00050	187.1	96.3	267.6	9.5	279.0	3.1	243.6	9.9	95
TG17-12	10.94	142.02	213.85	0.66	0.05398	0.00217	0.33197	0.01336	0.04479	0.00054	0.01292	0.00051	368.6	90.7	291.1	10.2	282.4	3.4	259.4	10.1	96
TG17-13	28.42	236.78	594.35	0.40	0.05193	0.00156	0.32140	0.00959	0.04502	0.00060	0.01289	0.00048	283.4	68.5	283.0	7.4	283.9	3.7	258.8	9.5	99
TG17-14	13.47	203.60	255.36	0.80	0.05408	0.00217	0.33359	0.01424	0.04476	0.00059	0.01268	0.00052	376.0	90.7	292.3	10.8	282.2	3.7	254.6	10.3	96
TG17-15	28.91	315.84	575.31	0.55	0.05188	0.00137	0.32137	0.00883	0.04493	0.00051	0.01276	0.00053	279.7	59.3	283.0	6.8	283.3	3.1	256.3	10.6	99
TG17-16	31.38	402.69	609.64	0.66	0.05198	0.00155	0.31864	0.00860	0.04479	0.00056	0.01275	0.00049	283.4	68.5	280.9	6.6	282.5	3.4	256.0	9.8	99
TG17-17	36.49	554.65	683.75	0.81	0.05408	0.00157	0.33180	0.01090	0.04446	0.00071	0.01274	0.00046	376.0	64.8	290.9	8.3	280.4	4.4	255.8	9.1	96

续表

样品	Pb /×10⁻⁶	²³²Th /×10⁻⁶	²³⁸U /×10⁻⁶	Th/U	²⁰⁷Pb/²⁰⁶Pb 比值	1σ	²⁰⁷Pb/²³⁵U 比值	1σ	²⁰⁶Pb/²³⁸U 比值	1σ	²⁰⁸Pb/²³²Th 比值	1σ	²⁰⁷Pb/²⁰⁶Pb /Ma	1σ	²⁰⁷Pb/²³⁵U /Ma	1σ	²⁰⁶Pb/²³⁸U /Ma	1σ	²⁰⁸Pb/²³²Th 年龄/Ma	1σ	Con. /%
TG17-18	18.05	359.16	547.46	0.66	0.05025	0.00181	0.20027	0.00729	0.02896	0.00034	0.00821	0.00030	205.6	83.3	185.4	6.2	184.0	2.1	165.3	6.1	99
TG17-19	58.76	1465.20	1075.31	1.36	0.05654	0.00129	0.34566	0.00746	0.04457	0.00057	0.00852	0.00028	472.3	51.8	301.5	5.6	281.1	3.5	171.5	5.6	93
TG17-20	38.99	475.20	764.07	0.62	0.05403	0.00183	0.33401	0.01248	0.04470	0.00055	0.01273	0.00047	372.3	80.5	292.6	9.5	281.9	3.4	255.7	9.4	96
TG17-21	16.36	219.67	328.80	0.67	0.05056	0.00166	0.30640	0.01007	0.04412	0.00046	0.01221	0.00040	220.4	75.9	271.4	7.8	278.3	2.8	245.3	7.9	97
TGY18-01	34.05	601.58	582.22	1.03	0.05864	0.00397	0.38241	0.02727	0.04713	0.00055	0.01534	0.00061	553.7	148.1	328.8	20.0	296.9	3.4	307.7	12.2	90
TGY18-02	41.92	916.44	759.03	1.21	0.05551	0.00351	0.33199	0.02357	0.04323	0.00075	0.01335	0.00052	431.5	140.7	291.1	18.0	272.8	4.6	268.1	10.3	93
TGY18-03	22.65	355.18	424.50	0.84	0.05695	0.00236	0.35504	0.01408	0.04546	0.00046	0.01451	0.00053	500.0	97.2	308.5	10.5	286.6	2.9	291.2	10.6	92
TGY18-04	35.40	658.70	599.25	1.10	0.05909	0.01401	0.37518	0.06979	0.04658	0.00249	0.01397	0.00070	568.6	448.1	323.5	51.6	293.5	15.4	280.4	14.0	90
TGY18-05	38.30	798.46	641.43	1.24	0.05495	0.00188	0.34723	0.01165	0.04585	0.00043	0.01333	0.00030	409.3	75.9	302.6	8.8	289.0	2.7	267.6	6.0	95
TGY18-06	36.19	614.25	658.64	0.93	0.05251	0.00287	0.33042	0.01992	0.04556	0.00127	0.01327	0.00029	309.3	119.4	289.9	15.2	287.2	7.8	266.5	5.8	99
TGY18-07	28.41	485.17	515.80	0.94	0.05316	0.00166	0.33304	0.01078	0.04534	0.00039	0.01328	0.00023	344.5	70.4	291.9	8.2	285.8	2.4	266.7	4.5	97
TGY18-08	61.62	1349.13	998.02	1.35	0.05521	0.00292	0.35517	0.01944	0.04654	0.00058	0.01310	0.00034	420.4	150.9	308.6	14.6	293.3	3.5	263.2	6.8	94
TGY18-09	33.88	675.01	600.39	1.12	0.05240	0.00141	0.32682	0.00867	0.04525	0.00037	0.01259	0.00028	301.9	61.1	287.1	6.6	285.3	2.3	253.0	5.5	99
TGY18-10	46.72	931.73	803.01	1.16	0.05736	0.00222	0.36207	0.01371	0.04573	0.00041	0.01319	0.00040	505.6	85.2	313.8	10.2	288.3	2.5	264.9	8.1	91

续表

样品	Pb /×10⁻⁶	²³²Th /×10⁻⁶	²³⁸U /×10⁻⁶	Th/U	²⁰⁷Pb/²⁰⁶Pb 比值	1σ	²⁰⁷Pb/²³⁵U 比值	1σ	²⁰⁶Pb/²³⁸U 比值	1σ	²⁰⁸Pb/²³²Th 比值	1σ	²⁰⁷Pb/²⁰⁶Pb /Ma	1σ	²⁰⁷Pb/²³⁵U /Ma	1σ	²⁰⁶Pb/²³⁸U /Ma	1σ	²⁰⁸Pb/²³²Th 年龄/Ma	1σ	Con. /%
TGY18-11	51.07	1111.11	859.45	1.29	0.05487	0.00153	0.34816	0.00950	0.04594	0.00041	0.01305	0.00041	405.6	67.6	303.3	7.2	289.5	2.5	262.0	8.2	95
TGY18-12	33.39	803.86	608.22	1.32	0.05745	0.00304	0.33194	0.01621	0.04202	0.00050	0.01248	0.00046	509.3	116.7	291.0	12.4	265.3	3.1	250.6	9.1	90
TGY18-13	40.67	730.58	689.30	1.06	0.05443	0.00311	0.35804	0.00982	0.04786	0.00202	0.01469	0.00073	387.1	134.2	310.7	7.3	301.4	12.4	294.7	14.6	96
TGY18-14	27.43	594.64	505.17	1.18	0.05268	0.00170	0.32064	0.00984	0.04441	0.00056	0.01320	0.00043	322.3	74.1	282.4	7.6	280.1	3.4	265.1	8.5	99
TGY18-15	12.41	134.54	212.31	0.63	0.05821	0.00382	0.41890	0.02686	0.05244	0.00078	0.01713	0.00075	538.9	144.4	355.3	19.2	329.5	4.8	343.3	14.9	92
TGI14-54-1	113.1	107.74	495.99	0.22	0.05713	0.00213	0.51828	0.02005	0.06566	0.00106	0.01686	0.00109	498.2	81.5	424	13.4	409.9	6.4	338	21.6	96
TGI14-54-2	134.5	111.58	880.75	0.13	0.05514	0.00076	0.5061	0.00701	0.06657	0.00041	0.01665	0.00051	416.7	31.5	415.8	4.7	415.5	2.5	333.8	10.1	99
TGI14-54-3	114.3	102.06	499.7	0.2	0.05687	0.00158	0.52358	0.01709	0.06653	0.00112	0.01562	0.00085	487.1	56.5	427.5	11.4	415.2	6.8	313.3	16.9	97
TGI14-54-4	128.6	114.08	557.04	0.2	0.05659	0.00243	0.51976	0.02023	0.06703	0.00115	0.01412	0.00073	476	89.8	425	13.5	418.2	7	283.4	14.5	98
TGI14-54-5	131.8	112.11	807.81	0.14	0.05225	0.00081	0.51267	0.00779	0.06714	0.00047	0.01479	0.00051	433.4	31.5	420.2	5.2	418.9	2.8	296.7	10.2	99
TGI14-54-6	68.05	56.25	443.21	0.13	0.05636	0.00105	0.51912	0.00962	0.06685	0.0005	0.01509	0.00062	477.8	38	424.6	6.4	417.2	3	302.8	12.3	98
TGI14-54-7	71.23	63.3	423.72	0.15	0.05551	0.00149	0.51153	0.01473	0.06652	0.00067	0.01449	0.00063	431.5	63.9	419.5	9.9	415.2	4.1	290.8	12.6	98
TGI14-54-8	280.8	90.25	62.17	1.45	0.08912	0.00183	2.7262	0.06726	0.2209	0.00314	0.0451	0.00145	1407.1	43.5	1335.6	18.3	1286.7	16.6	891.6	28	96
TGI14-54-9	112.9	117.7	945.85	0.12	0.05689	0.00299	0.51664	0.02432	0.06575	0.00108	0.01055	0.00094	487.1	116.7	422.9	16.3	410.5	6.6	212	18.8	97
TGI14-54-10	384.1	284.57	1354.72	0.21	0.05655	0.00157	0.51551	0.01387	0.06589	0.00077	0.01679	0.00102	472.3	95.4	422.1	9.3	411.4	4.7	336.6	20.3	97

续表

	Pb /×10⁻⁶	²³²Th /×10⁻⁶	²³⁸U /×10⁻⁶	Th/U	²⁰⁷Pb/²⁰⁶Pb 比值	1σ	²⁰⁷Pb/²³⁵U 比值	1σ	²⁰⁶Pb/²³⁸U 比值	1σ	²⁰⁸Pb/²³²Th 比值	1σ	²⁰⁷Pb/²⁰⁶Pb /Ma	1σ	²⁰⁷Pb/²³⁵U /Ma	1σ	²⁰⁶Pb/²³⁸U /Ma	1σ	²⁰⁸Pb/²³²Th 年龄/Ma	1σ	Con. /%
TG14-54-11	27.08	17.26	361.67	0.05	0.05555	0.00249	0.5054	0.02166	0.06601	0.00091	0.01366	0.00135	435.2	100	415.3	14.6	412.1	5.5	274.3	26.9	99
TG14-54-12	85.12	70.96	656.23	0.11	0.05534	0.00252	0.504	0.02336	0.06582	0.00111	0.01333	0.00102	433.4	101.8	414.4	15.8	410.9	6.7	267.6	20.4	99
TG14-54-13	163	142.76	744.16	0.19	0.05535	0.00086	0.50949	0.00853	0.06641	0.00045	0.01418	0.0006	427.8	35.2	418.1	5.7	414.5	2.7	284.5	12	99
TG14-54-14	346.9	61.59	76.45	0.81	0.1422	0.00222	7.0403	0.18437	0.35005	0.00652	0.07184	0.00267	2254	26.7	2116.5	23.3	1934.8	31.2	1402.3	50.4	91
TG14-54-15	120.1	77.54	783.46	0.1	0.05621	0.00092	0.5143	0.00853	0.06626	0.00056	0.01733	0.00079	461.2	32.4	421.3	5.7	413.6	3.4	347.3	15.8	98
TG14-54-16	164	56.22	123.58	0.45	0.07816	0.00165	2.0106	0.05559	0.18449	0.00324	0.04064	0.0016	1150.9	41.5	1119.1	18.8	1091.4	17.6	805.2	31.1	97
TG14-54-17	243.5	152.61	918.2	0.17	0.05738	0.00215	0.52318	0.01819	0.06608	0.0011	0.01881	0.00107	505.6	83.3	427.3	12.1	412.5	6.7	376.7	21.1	96
TG14-38-1	177.7	248.53	444.64	0.56	0.05572	0.00143	0.32001	0.00785	0.04214	0.00044	0.01091	0.00035	442.6	57.4	281.9	6.0	266.1	2.7	219.3	7.0	94
TG14-38-2	120.3	167.52	428.54	0.39	0.05431	0.00251	0.30906	0.01393	0.04136	0.00094	0.01082	0.00060	383.4	103.7	273.5	10.8	261.3	5.8	217.6	12.0	95
TG14-38-3	241.6	362.70	474.15	0.76	0.05387	0.00131	0.30936	0.00729	0.04168	0.00030	0.01034	0.00029	364.9	55.6	273.7	5.7	263.2	1.9	208.0	5.8	96
TG14-38-4	153.8	204.83	407.92	0.50	0.05676	0.00729	0.33203	0.04462	0.04193	0.00112	0.01147	0.00055	483.4	287.0	291.1	34.0	264.8	7.0	230.6	11.0	90
TG14-38-5	224.1	344.35	531.08	0.65	0.05543	0.00233	0.31528	0.01318	0.04121	0.00048	0.01009	0.00039	431.5	94.4	278.3	10.2	260.3	3.0	202.9	7.7	93
TG14-38-6	217.9	215.45	151.94	1.42	0.05574	0.00160	0.52618	0.01473	0.06907	0.00067	0.01629	0.00046	442.6	64.8	429.3	9.8	430.6	4.1	326.6	9.1	99
TG14-38-7	84.7	115.83	228.04	0.51	0.05378	0.00177	0.30717	0.00976	0.04179	0.00045	0.01111	0.00038	361.2	74.1	272.0	7.6	263.9	2.8	223.3	7.6	96

续表

点号	Pb /×10⁻⁶	²³²Th /×10⁻⁶	²³⁸U /×10⁻⁶	Th/U	²⁰⁷Pb/²⁰⁶Pb 比值	1σ	²⁰⁷Pb/²³⁵U 比值	1σ	²⁰⁶Pb/²³⁸U 比值	1σ	²⁰⁸Pb/²³²Th 比值	1σ	²⁰⁷Pb/²⁰⁶Pb /Ma	1σ	²⁰⁷Pb/²³⁵U /Ma	1σ	²⁰⁶Pb/²³⁸U /Ma	1σ	²⁰⁸Pb/²³²Th 年龄 /Ma	1σ	Con. /%
TG14-38-8	113.9	155.37	317.15	0.49	0.05331	0.00167	0.30967	0.00948	0.04246	0.00045	0.01150	0.00041	342.7	39.8	273.9	7.4	268.0	2.8	231.2	8.1	97
TG14-38-9	117.4	150.36	267.64	0.56	0.05477	0.00228	0.31749	0.01239	0.04267	0.00060	0.01215	0.00047	466.7	94.4	280.0	9.5	269.3	3.7	244.0	9.3	96
TG14-38-10	138.3	185.00	223.55	0.83	0.05450	0.00183	0.31043	0.01050	0.04152	0.00046	0.01163	0.00035	390.8	71.3	274.5	8.1	262.3	2.8	233.7	7.0	95
TG14-38-11	212.4	261.77	466.62	0.56	0.05542	0.00266	0.31707	0.01343	0.04200	0.00077	0.01236	0.00049	427.8	107.4	279.6	10.4	265.2	4.7	248.2	9.9	94
TG14-38-12	140.1	192.61	197.68	0.97	0.05301	0.00169	0.30890	0.00988	0.04241	0.00040	0.01100	0.00033	327.8	72.2	273.3	7.7	267.8	2.5	221.1	6.6	97
TG14-38-13	173.0	242.34	585.50	0.41	0.05253	0.00094	0.30268	0.00531	0.04179	0.00026	0.01037	0.00030	309.3	8.3	268.5	4.1	263.9	1.6	208.6	5.9	98
TG14-38-14	154.5	202.81	360.75	0.56	0.05511	0.00150	0.31649	0.00830	0.04177	0.00036	0.01111	0.00034	416.7	61.1	279.2	6.4	263.8	2.2	223.4	6.8	94
TG14-38-15	258.2	295.08	601.56	0.49	0.05564	0.00371	0.32190	0.02370	0.04169	0.00097	0.01244	0.00068	438.9	152.8	283.4	18.2	263.3	6.0	249.9	13.5	92
TG14-38-16	195.2	223.11	437.82	0.51	0.05695	0.00443	0.32491	0.02337	0.04178	0.00099	0.01251	0.00068	500.0	172.2	285.7	17.9	263.8	6.1	251.2	13.6	92

注：Con.表示谐和度。

17 所处的锆石的明暗程度以及形态与其他锆石明显不同（图 4-1），其中的铀铅含量也明显偏低（表 4-1），可能是其他成因的锆石，代表了后期的一些地质活动；点 8 的年龄偏差可能是由于锆石太小（图 4-1）而被激光打穿造成的；从透射光照片上可以产出点 19 所处的位置在存在大量微裂隙，这可能是造成其年龄偏差的原因。

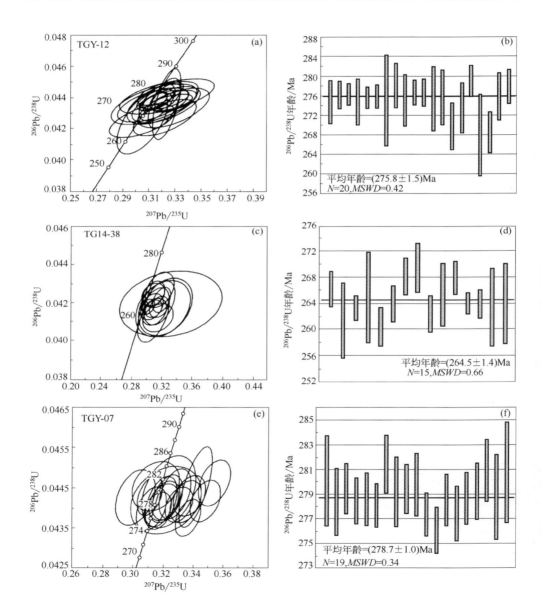

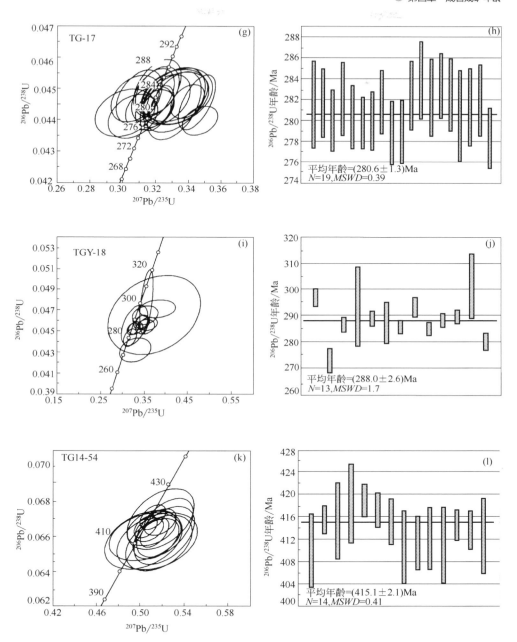

图 4-2　图古日格矿区侵入岩锆石 LA-ICP-MS U-Pb 谐和曲线和平均年龄图

TG-17 角闪石岩样品锆石的测试结果中，共有 21 个点位的测试数据的谐和度高于 90%（表 4-1），由这些数据可以看出，TG-17 样品中锆石的 ^{238}U 含量为 $214\times10^{-6} \sim 1239\times10^{-6}$，$^{232}Th$ 含量为 $142\times10^{-6} \sim 1465\times10^{-6}$，$^{232}Th/^{238}U$ 比值为 0.4 ~ 1.4，获得的 $^{206}Pb/^{238}U$ 年龄值变化范围为 184 ~ 284Ma，绝大多数年龄在 277 ~ 284Ma 之间，去掉 2 个异常测点（9、18）年龄值，其他 19 个测试点的年龄结果十分一致，在图 4-2 中，这些数据均分布于谐和线上，且呈群分布，其 $^{206}Pb/^{238}U$ 加权平均年龄为（280.6±1.3）Ma（N=19，$MSWD$=0.39），代表了该组锆石的结晶年龄（图 4-2）。点 9（253Ma）和点 18（184Ma）的年龄值明显偏小，点 18 所处锆石的明暗程度以及形态与其他锆石明显不同（图 4-1），可能具有不同的来源；点 9 的年龄偏差可能是由于点位太靠近锆石边部所造成的（图 4-1）。

TGY-18 蚀变闪长岩样品锆石的测试结果中，共有 15 个点位的测试数据的谐和度高于 90%（表 4-1），由这些数据可以看出，TGY-18 样品中锆石的 ^{238}U 含量为 $212\times10^{-6} \sim 998\times10^{-6}$，$^{232}Th$ 含量为 $135\times10^{-6} \sim 1349\times10^{-6}$，$^{232}Th/^{238}U$ 比值为 0.6 ~ 1.4，获得的 $^{206}Pb/^{238}U$ 年龄值变化范围为 265 ~ 329Ma，绝大多数年龄在 272 ~ 301Ma 之间，去掉 2 个异常测点（12、15）年龄值，其他 13 个测试点的年龄结果十分一致，在谐和曲线年龄图中（图 4-2），这些数据均分布于谐和线上，且呈群分布，其 $^{206}Pb/^{238}U$ 加权平均年龄为（288.0±2.6）Ma（N=13，$MSWD$=1.7），代表了该组锆石的结晶年龄（图 4-2）。该样品的测试数据中有多个测试点的谐和度不足 90%，这可能是因为该样品的锆石在岩石蚀变过程中发生了破碎，造成了铅的丢失；点 12（265Ma）和点 15（329Ma）的年龄值明显偏小和偏大，也可能是这种原因造成的。

TG14-54 黑云母花岗岩样品锆石的测试结果中，共有 17 个点位的测试数据的谐和度高于 90%（表 4-1），由这些数据可以看出，TG14-54 样品中锆石的 ^{238}U 含量为 $62\times10^{-6} \sim 1354\times10^{-6}$，$^{232}Th$ 含量为 $17\times10^{-6} \sim 285\times10^{-6}$，$^{232}Th/^{238}U$ 比值为 0.05 ~ 1.45，绝大多数介于 0.1 ~ 0.45 之间，获得的 $^{206}Pb/^{238}U$ 年龄值变化范围为 410 ~ 1934Ma，绝大多数年龄在 410 ~ 419Ma 之间，去掉 3 个异常测点（8、14、16）年龄值，其他 14 个测试点的年龄结果十分一致，在图 4-2 中，这些数据均分布于谐和线上，且呈群分布，其 $^{206}Pb/^{238}U$ 加权平均年龄为（415.1±2.1）Ma（N=14，$MSWD$=0.41），代表了该组锆石的结晶年龄（图 4-2）。点 8（1407Ma）、点 14（2254Ma）和点 16（1151Ma）的年龄值明显偏大，且它们的剥蚀位置位于锆石的核部（图 4-1），可能代表了继承核的形成时代。

4.2
黄铁矿 Re-Os 年龄

4.2.1
样品采集、处理及分析测试

　　本次研究对石英脉矿体中的黄铁矿进行了采样，且为了保证采集到的是与石英脉共生的黄铁矿，而不是后期地质活动中形成的黄铁矿，本次研究所采的 6 件黄铁矿样品都是呈浸染状产出在石英脉中的黄铁矿。其中 TG14-3、TG14-10、TG14-70号样品采自 2-3 号脉，TG14-20、TG14-23 号样品采自 7 号脉，TG14-44 号样品采自 2-6 号脉。

　　黄铁矿 Re-Os 同位素测试分析在中国地质科学院国家地质实验测试中心 Re-Os实验室完成，Re 和 Os 含量是利用同位素稀释法测得的，^{185}Re 和 ^{190}Os 混合稀释剂购买自美国橡树岭国家实验室，Re 和 Os 同位素比值测定所采用仪器为 Thermo FisherScientific 公司生产的热表面电离质谱仪 Triton-plus。测试流程简述如下：

　　① 分解样品，首先将黄铁矿样品粉碎至 200 目，然后称取 1.2g 加入 Carius 管中，之后依次加入 ^{185}Re 和 ^{190}Os 混合稀释剂、5mL 10mol/L HCl、15mL 16mol/L HNO$_3$ 和 3mL30%H$_2$O$_2$，之后把 Carius 管加热到 200℃持续 24h 进行溶样。

　　② 用蒸馏法分离 Os，把 Carius 管放入电蒸笼中，电蒸笼蒸气 100℃加热 60min，用 5ml 1：1 超纯 HBr（冰水浴）吸收蒸馏出的 OsO$_4$，所得 OsO$_4$ 吸收液用微蒸馏法方法进一步纯化 Os。

　　③ 萃取法分离 Re，将 Carius 管中的蒸馏残液加热至近干，之后加入 10mL 10mol/L NaOH，稍微加热，促进样品转为碱性介质，之后用丙酮萃取其中的 Re，最后用加热法和浓硝酸以及 30%过氧化氢除去丙酮和残存有机质。

　　④ 质谱分析，首先将分离出的 Re 和 Os 点在 Pt 带上，之后进行 TIMS 质谱分析。对于 Re，采用静态法拉第杯模式同时测定 ^{185}Re 和 ^{187}Re，用 ^{190}Os 的信号检测和校正 Os 的影响，并采用普 Re ^{185}Re/^{187}Re=0.59738 作为外标，进行 Re 同位素质量分馏校正。对于 Os，采用法拉第杯多接收模式测定 ^{186}Os、^{187}Os、^{188}Os、^{189}Os、^{190}Os 和 ^{192}Os，用 ^{185}Re 信号检测和校正 Re 的影响，并采用 ^{192}Os/^{188}Os=3.0827 作为内标迭代法对 Os 进行质量分馏校正。测试过程中的 Re 和 Os 的空白值都控制在 1pg 内，^{187}Os/^{188}Os 的空白值为 0.2～0.3。

　　Re-Os 等时线年龄采用 Isoplot 3.0 程序获得，^{187}Re 的衰变常数选用 1.666 × 10^{-11}/年。对于黄铁矿 Re-Os 同位素测年方法，由于目前仍然没有统一的标样，所

以本测试采用辉钼矿标样 GBW04435（HLP-5）作为未知样品，获得的模式年龄为
（220.6±2.7）Ma，对应的年龄推荐值为（221.4±5.6）Ma，两者在误差范围内完全
一致。虽然辉钼矿中的 Re 和 Os 含量要比黄铁矿中高很多，但是它们同样都是硫
化物，所以辉钼矿可以被用来检测本次测试的准确性，所以本次测试的测试结果具
有足够的可信度。

4.2.2

测试结果

  图古日格黄铁矿 Re-Os 年龄分析结果见表 4-2 和图 4-3。从表中可以看出，6
件黄铁矿中的 Re 含量为 $(0.5851 \sim 26.02) \times 10^{-9}$，Os 含量为 $(0.026 \sim 0.3048) \times 10^{-9}$，^{187}Os
含量为 $(0.00459 \sim 0.07634) \times 10^{-9}$，^{187}Re/^{188}Os 和 ^{187}Os/^{188}Os 比值分别为 $76.52 \sim 6861.4$
和 $0.9546 \sim 31.79$（表 4-2）。

  具有低含量高放射成因（LLHR）Os 的硫化物（辉钼矿、黄铁矿）中通常含有
非常低的 Os 含量，且在这些 Os 中放射性成因 ^{187}Os 占有非常高的比例，所以在对
LLHR 硫化物进行 Re-Os 同位素测试过程中，准确地接收 ^{188}Os 信号以及准确测定
^{188}Os 含量就变得十分困难，所以 Stein 等提出，对 LLHR 硫化物来说，传统的
^{187}Re/^{188}Os-^{187}Os/^{188}Os 等时线方法将会给测试带来较大的分析误差，而 ^{187}Re-^{187}Os
投图方法更能够给出准确的具有地质意义的测年结果。因此，目前在硫化物特别是
辉钼矿 Re-Os 测年过程中，通常用 ^{187}Re-^{187}Os 投图方法来获得等时线年龄。但是，
也有很多学者认为，^{187}Re/^{188}Os-^{187}Os/^{188}Os 等时线在获得年代学和示踪信息方面更
加可靠，而且得到的年龄与通过其他测年方法得到的(U-Pb, Ar-Ar)的年龄值非常一
致。虽然图古日格金矿中的黄铁矿 Os 含量也很低，但是与 Stein 等定义的 LLHR
硫化物不同的是，其中所含的普通 Os 比例有所升高，而放射性成因 ^{187}Os 所占的
比例有所降低。所以，本次研究选择利用常用的 ^{187}Re/^{188}Os-^{187}Os/^{188}Os 等时线方法
获取 Re-Os 等时线年龄。六个样品得到的黄铁矿 Re-Os 等时线年龄为（268±15）
Ma（图 4-3），初始 ^{187}Os/^{188}Os 比值为 1.26 ± 0.69。

  在等时线图中，有三个测试点微微偏离了等时线，分布于等时线的上方
（TG14-20）和下方（TG14-3，TG14-10 如图 4-3 所示），使得这组数据的加权平均
方差偏大（*MSWD*=2050），降低了年龄值的可信度。由测试数据（表）可知，三个
偏离黄铁矿样品（TG14-3，TG14-10，TG14-20）中的 Re 和 ^{187}Os 含量非常低。这
种部分测试数据偏离等时线以及加权平均方差偏大的现象可以被解释为：首先，由

表 4-2　图古日格金矿黄铁矿 Re-Os 同位素测试结果

样品号	样重/g	含量×10⁻⁶						同位素比值			
		Re	2σ	普 Os	2σ	^{187}Os	2σ	^{187}Re/^{188}Os	2σ	^{187}Os/^{188}Os	2σ
TG14-3	0.351	0.5851	0.002	0.03689	0.00012	0.00459	0.00001	76.52	0.8	0.9546	0.002
TG14-10	0.349	2.315	0.017	0.05810	0.00047	0.01469	0.00012	189.0	2.0	1.901	0.006
TG14-20	0.360	3.505	0.026	0.01279	0.00010	0.01321	0.00010	1320.0	13.4	7.894	0.014
TG14-23	0.360	11.422	0.085	0.23042	0.00203	0.07439	0.00061	236.9	2.4	2.465	0.004
TG14-44	0.350	4.656	0.034	0.03013	0.00023	0.01862	0.00014	738.4	7.5	4.666	0.008
TG14-70	0.361	26.024	0.195	0.01816	0.00014	0.07634	0.00058	6861.4	70.1	31.789	0.063

于仪器存在系统误差，所以在测试较小数据时，将会使测试结果存在较大的相对误差；其次，硫化物具有较低的 Re-Os 同位素体系封闭温度，所以黄铁矿特别是具有较低 Re 和 Os 含量黄铁矿中的 Re-Os 同位素体系容易受到扰动，发生 Re 或 Os 的丢失或增加，导致它们在后期的变质、变形或者热液活动中更容易表现出 Re-Os 同位素体系的开放行为。如果只用其他三个黄铁矿样品（G14-23，TG14-44，TG14-70）的测试数据做等时线，获得的等时线年龄为（264±2）Ma，初始 $^{187}Os/^{188}Os$ 比值为 1.418±0.016，而且加权平均方差（$MSWD$=0.74）指示数据具有较高的可信度。年龄值（264±2）Ma 和（268±15）Ma 在误差范围内完全一致，且后者包含了前者，所以（268±15）Ma 被认为是图古日格同成矿期黄铁矿的结晶年龄，且可信度较高，具有地质意义。

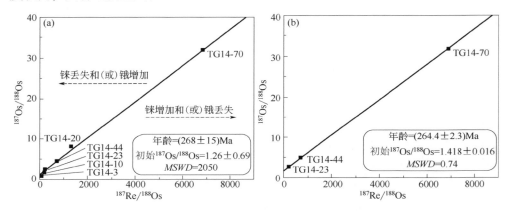

图 4-3　图古日格金矿黄铁矿 Re-Os 同位素等时线图

4.3
绢云母 Ar-Ar 年龄

4.3.1
样品采集、处理及分析测试

本次研究对蚀变岩中的绢云母进行了采样，为了保证获得的绢云母 Ar-Ar 年龄能够代表矿床的成矿年龄，所采集的绢云母是与钾长石和石英共生的绢云母，绢云母呈片状集合体，白色，略带浅绿色（图 3-10）。采样位置为二号脉二号斜井处，采样点坐标为 107°34′13″E、42°9′54″N。所采岩石样品的绢云母挑选工作由廊坊尚艺岩矿检测有限公司完成，先将样品破碎、筛选至 60~80 目，然后在双目镜下挑选，挑选出的绢云母纯度大于 99%。

绢云母 Ar-Ar 同位素定年在中国地质科学院地质研究所 Ar-Ar 同位素地质实验室进行，采用的方法为常规 $^{40}Ar/^{39}Ar$ 阶段升温测年法，首先，将选纯的绢云母（纯度＞99%）用超声波清洗。

先用经过 2 次亚沸蒸馏净化的纯净水清洗 3 次，每次 3min，将绢云母表面和解理缝中吸附的粉末和杂质清除。然后，用丙酮中清洗 2 次，每次 3min，将绢云母表面吸附的油污等有机物质清除。

将清洗后的样品（13.24mg）封进石英瓶中，然后送往中国原子能科学研究院的"游泳池堆"核反应堆中接受中子照射，使用 B4 孔道，中子流密度约为 $2.65 \times 10^{13}n \cdot cm^{-2} \cdot S^{-1}$。照射总时间为 1444min，积分中子通量为 $2.30 \times 10^{18}n \cdot cm^{-2}$；中子照射过程中选用 ZBH-25 黑云母标样做监控样的标准样，其标准年龄为（132.7±1.2）Ma，K 含量为 7.6%。

样品的阶段升温加热在石墨炉中进行，每一个阶段加热 10min，净化 20min。质谱分析是在多接收稀有气体质谱仪 Helix MC 上进行的，每个峰值均采集 20 组数据。所有的数据在回归到时间零点值后再进行质量歧视校正、大气氩校正、空白校正和干扰元素同位素校正。中子照射过程中所产生的干扰同位素校正系数通过分析照射过的 K_2SO_4 和 CaF_2 来获得，其值为：$(^{36}Ar/^{37}Ar_0)_{Ca}=0.0002398$，$(^{40}Ar/^{39}Ar)_K=0.004782$，$(^{39}Ar/^{37}Ar_0)_{Ca}=0.000806$。$^{37}Ar$ 经过放射性衰变校正；^{40}K 衰变常数 $\lambda=5.543 \times 10^{-10}$/年；用 ISOPLOT 程序计算坪年龄及正、反等时线。坪年龄误差以 2σ 给出。详细实验流程见有关文献。

4.3.2
测试结果

本次测试对图古日格金矿床中的绢云母进行了 13 个 $^{40}Ar-^{39}Ar$ 阶段加热分析，从 600℃升温到 1400℃，分析数据和年龄结果见表 4-3 和图 4-4。在年龄谱图上，年龄谱线的左侧存在有 4 个明显偏小的视年龄值，即（195±21）Ma、（199±2.6）Ma、（233.9±3.2）Ma 和（247.3±2.3）Ma，这可能是核反冲或者测量误差造成的，也可能说明绢云母颗粒的边部受到了热扰动，发生了 Ar 丢失。年龄谱线的中、高

表 4-3 图古日格金矿绢云母 Ar-Ar 同位素测试结果

$T/℃$	$(^{40}Ar/^{39}Ar)_m$	$(^{36}Ar/^{39}Ar)_m$	$(^{37}Ar_0/^{39}Ar)_m$	$(^{38}Ar/^{39}Ar)_m$	$^{40}Ar^*/\%$	F	$^{39}Ar/×10^{-14}$ mol	$^{39}Ar(Cum.)/\%$	年龄/Ma	$±1σ$/Ma
600	209.8661	0.5884	0.0000	0.1198	17.15	35.9838	0.01	0.08	195	21
700	57.4201	0.0698	0.7898	0.0285	64.15	36.8566	0.02	1.23	199.0	2.6
750	54.4435	0.0373	2.9452	0.0230	80.13	43.7320	0.18	2.24	233.9	3.2
800	51.9433	0.0193	1.6874	0.0166	89.26	46.4287	0.70	6.20	247.3	2.3
830	50.2485	0.0075	0.1169	0.0139	95.59	48.0367	0.80	10.74	255.3	2.4
860	50.1991	0.0053	0.0269	0.0132	96.89	48.6377	1.39	18.55	258.3	2.4
890	49.6239	0.0036	0.0764	0.0133	97.86	48.5663	1.73	28.30	257.9	2.4
920	49.3536	0.0020	0.0000	0.0127	98.78	48.7531	2.29	41.19	258.9	2.4
970	49.4278	0.0019	0.0202	0.0129	98.87	48.8703	5.28	70.92	259.4	2.4
1020	49.8577	0.0028	0.0284	0.0130	98.34	49.0328	2.76	86.49	260.3	2.4
1080	51.0183	0.0065	0.0098	0.0139	96.24	49.0990	1.34	94.03	260.6	2.4
1200	53.2920	0.0130	0.0927	0.0150	92.79	49.4538	0.83	98.68	262.3	2.5
1400	74.2980	0.0875	0.4343	0.0286	65.22	48.4743	0.23	100.00	257.5	2.6

注：表中下标 m 代表样品中测定的同位素比值；总年龄=257.8Ma；$F=^{40}Ar^*/^{39}Ar$，是放射性成因 ^{40}Ar 和 ^{39}Ar 的比值；W=13.21mg；J=0.003165。

温区的视年龄比较稳定，不同的加热温度区间获得的视年龄间的差异比较小，构成了平坦、稳定的坪年龄谱，表明绢云母内部的 Ar 同位素组成稳定，也说明其即使结晶后经历了构造热事件，绢云母颗粒内部依然对钾和氩同位素体系保持封闭，分析所获得的年龄值依然可以代表绢云母的结晶年龄。除了分析开始时的 4 个较低的视年龄值外，其余 9 个年龄谱段（830～1400）的 ^{39}Ar 释放量占绢云母样品总量的93.8%，构成的加权平均年龄值为（258.9±1.6）Ma（$MSWD$=0.69），在 $^{40}Ar/^{36}Ar$-$^{39}Ar/^{36}Ar$ 图中，9 个加热阶段所获分析数据构成一条较好的等时线，获得的等时线年龄为（259.2±2.9）Ma（$MSWD$=5.4），$^{40}Ar/^{36}Ar$ 初始值为 292±17。等时线年龄和坪年龄的测试结果具有很好的一致性，说明所测的数据是可靠的，具有地质意义，可以代表绢云母的结晶年龄。另外，$^{40}Ar/^{36}Ar$ 的初始值与尼尔值（295.5）比较接近，表明绢云母样品中没有大量过剩氩存在。所以图古日格同成矿期绢云母的结晶年龄为（258.9±1.6）Ma。

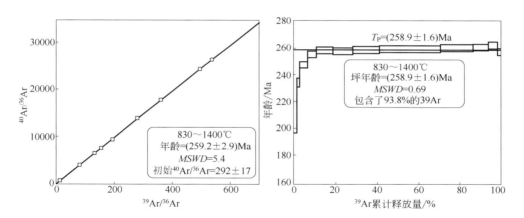

图 4-4　图古日格金矿绢云母 Ar-Ar 同位素等时线和坪年龄图

小结：

TGY-12 似斑状花岗岩样品的锆石 U-Pb 年代学显示，其锆石的结晶年龄为（275.8±1.5）Ma。从锆石的形态、阴极发光图中的韵律环带、锆石中的 Th/U 比值（大部分大于 0.3，平均值为 0.49）等参数及 Th、U 含量之间具有的良好的正相关关系（表 4-1）来看，锆石属于岩浆成因锆石，所以其结晶年龄代表了岩体的侵位年龄。同理，TG14-38 似斑状花岗岩、花岗岩、角闪石岩、蚀变闪长岩和黑云母花岗岩的锆石结晶年龄也可以代表它们的侵位年龄，虽然蚀变闪长岩的锆石不具有韵律环带，但是从其他几个方面也可以说明其锆石是岩浆成因锆石。

TGY-12 似斑状花岗岩样品给出的该岩体的侵入时代为（275.8±1.5）Ma，为早二叠世。但是，同样为似斑状花岗岩样品，TG14-38 给出的岩体的侵位年龄为（264.5±1.4）Ma，这说明似斑状花岗岩的岩浆活动具有多期多阶段性，持续时间较长。从野外地质特征也可以看出，似斑状花岗岩具似斑状结构，结晶程度较好，钾长石斑晶较大，显示该岩体经历了较长时间的演化过程。

由 LA-MC-ICP-MS 锆石 U-Pb 分析结果可知，花岗岩的侵位年龄为（278.7±1.0）Ma，角闪石岩的形成时代为（280.6±1.3）Ma，蚀变闪长岩的侵位年龄为（288.0±2.6）Ma，均属于早二叠世，黑云母花岗岩的侵位年龄为（415.1±2.1）Ma，属于晚志留世。

图古日格金矿的黄铁矿 Re-Os 同位素年龄为（268±15）Ma，由于所采黄铁矿都是呈浸染状产出在含矿石英脉中，可以被认为是同成矿期的黄铁矿，所以黄铁矿的结晶年龄可以用来指示图古日格金矿的成矿年龄。同样地，用于 Ar-Ar 同位素分析的绢云母与钾长石和石英共生，所以其结晶年龄（258.9Ma±1.6Ma）可以被认作是蚀变发生的年龄，也可以用来指示图古日格金矿的成矿年龄。黄铁矿 Re-Os 年龄和绢云母 Ar-Ar 年龄结果之间的差异，可能反映了图古日格金矿床的成矿作用持续时间较长，或者反映了成矿作用的多期性。总体来说，图古日格金矿床的成矿年龄为 268～259Ma。

Chapter 5

第五章

矿床地球化学特征

　　本研究对矿区内的蚀变闪长岩、角闪石岩、花岗岩和似斑状花岗岩进行了主微量元素、Sr-Nd 同位素的测试分析，对矿区内的侵入岩、地层和矿石进行了 S 和 Pb 同位素的测试分析，对黄铁矿进行了标型特征的分析。研究结果将为探讨矿床成因、成矿背景、构造演化、成岩成矿物质来源、成矿流体来源以及建立成矿模型提供帮助，为今后深入探讨区域成矿作用、成矿动力学背景以及岩浆活动对成矿的贡献提供帮助。

- 5.1　侵入岩主微量元素特征
- 5.2　侵入岩 Sr-Nd 同位素测试
- 5.3　S 和 Pb 同位素测试
- 5.4　黄铁矿标型特征

5.1
侵入岩主微量元素特征

5.1.1
样品及测试分析

　　本次研究对图古日格矿区内主要的二叠纪侵入岩（似斑状花岗岩、花岗岩、蚀变闪长岩、角闪石岩）进行了采样，且为了保证岩体样品的新鲜程度，排除风化等因素对测试结果的影响，本次研究所采的样品大部分是钻孔岩芯。所采岩石样品的前期处理和薄片磨制工作是由廊坊科大岩石矿物分选技术服务公司完成，随后通过室内镜下鉴定对所采样品进行了验证，去除了不符合要求的样品，最后对每种岩性进行了主微量元素含量的测定。

　　TG-4、TGY-12 和 TGY-15 是似斑状花岗岩样品，TG-4 号样品采至二号斜井附近，采样位置坐标为：107°34′13″E、42°09′54″N；TGY-12 号样品为 2 号脉 ZK37-5 号钻孔 71.4m 深处岩芯；TGY-15 号样品为 2-1 号脉 ZK5-4 号钻孔 209.5m 深处岩芯（图 3-3）。TGY-07 为花岗岩样品，该样品为 7 号脉 ZK18-5 号钻孔 298.5m 深处岩芯（图 3-3）。TGY-1、TG-17 和 TG-18 是角闪石岩样品，其中 TGY-1 号样品为 7 号脉 ZK18-5 号钻孔 380m 深处岩芯，TG-17 和 TG-18 号样品采自 7 号脉 1 号竖井附近，采样位置坐标为：107°33′87″E、42°10′35″N（图 3-3）。TGY-3、TGY-5 和 TGY-18 为蚀变闪长样品，其中 TGY-3 和 TGY-5 号样品分别是 7 号脉 zk18-5 号钻孔 57m 和 46m 深处岩芯，TGY-18 号样品为 2-1 号脉 ZK18-5 号钻孔 15m 深处岩芯（图 3-3）。这些样品的岩石学特征见第 3.3 节。

　　所选岩石样品的主量和微量元素的测试分析在核工业北京地质研究院分析测试中心完成。主量元素分析采用 X 射线荧光光谱法（XRF，飞利浦 PW2404）和化学分析法（CA）完成，其中 CA 仅用于测定样品中氧化亚铁的含量，测定范围 ＞ 0.5%，分析误差 ＜ 10%。微量元素分析采用电感耦合等离子质谱法（ICP-MS，PerkinElmer，Elan DCR-e 型等离子体质谱分析仪）完成。

　　XRF 分析方法简述：首先称取 0.7g 已粉碎研磨至 200 目的样品加入坩埚中，然后向坩埚中加入 5.2g 无水四硼酸锂、0.4g 氟化锂、0.3g 硝酸铵和 1mL 溴化锂，然后将坩埚置于熔样机中 1150℃ ~ 1250℃熔融 10 ~ 15min，之后熔融物在坩埚中直接冷却成玻璃样片，最后使用光谱仪进行分析测试，X 射线管电压为 50kV，电流为 50mA，对标样（GSR-1 和 GSR-3）的测试结果显示，元素的测定精度可达 0.01%，分析误差 ＜ 5%；电感耦合等离子质谱法简述：将 200 目样品于 105℃烘干，称取

25mg 烘干样品放入高压溶样罐内罐中，加入 1mL 浓 HF 和 0.5mL 硝酸，于 185℃ 条件下加热 24h，取出内罐，蒸干后加入 0.5mL 浓 HNO_3，蒸发至近干后再加入 0.5mL 浓 HNO_3，蒸发至近干后加入 5mL HNO_3，密封后放入烘箱中，130℃加热 3h，冷却后取出溶液并加水至 25mL，最后用质谱仪对溶液进行分析测试，对标样 （GSR-1 和 GSR-3）的测试结果显示，微量元素含量大于 10μg/g 时相对误差＜5%，小于 10μg/g 时相对误差＜10%。主微量元素数据处理采用 Geokit 软件。

5.1.2

测试结果

图古日格二叠纪侵入岩的主微量元素测试结果见表 5-1。似斑状花岗岩的 SiO_2 含量为 67.4% ~ 70.1%，K_2O 含量为 3.49% ~ 3.6%，Na_2O 含量为 4.6% ~ 4.98%，在硅碱图（图 5-1）上落入石英二长岩和花岗岩的交界处，Al_2O_3 含量为 15.5% ~ 16.3%，K_2O/Na_2O 为 0.7 ~ 0.76，A/CNK 值为 0.99 ~ 1.03，A/NK 值为 1.29 ~ 1.38，里特曼指数 σ=2.42 ~ 2.88（表 5-1），显示为钙碱性；在 K_2O-SiO_2 图解（图 5-2）上，样品落入高钾钙碱性区域；在 A/NK-A/CNK 图解（图 5-2）上，样品落在准铝质和过铝质交界处。花岗岩的 SiO_2 含量为 65%左右，K_2O 含量为 3.2%左右，Na_2O 为 5.7%左右，在硅碱图（图 5-1）上落入石英二长岩的区域，Al_2O_3 含量为 18.2%左右，K_2O/Na_2O 为 0.56 左右，A/CNK 值为 1 左右，A/NK 值为 1.43 左右，里特曼指数（σ）为 3.5 左右（表 5-1），显示为弱碱性；在 K_2O-SiO_2 图解（图 5-2）上，样品落入高钾钙碱性区域；在 A/NK-A/CNK 图解（图 5-2）上，样品落在准铝质和过铝质交界处。蚀变闪长岩的 SiO_2 含量为 42% ~ 52%，K_2O 含量为 0.98% ~ 3.2%，Na_2O 为 1.96% ~ 3.7%，在硅碱图（图 5-1）上落入辉长岩和二长辉长岩范围内，Al_2O_3 含量为 14.4% ~ 17.9%，K_2O/Na_2O 为 0.45 ~ 0.86，A/CNK 值为 0.70 ~ 0.85，A/NK 值为 1.65 ~ 4.1，里特曼指数 σ=1.8 ~ 7.8（表 5-1），显示为碱性；在 K_2O-SiO_2 图解（图 5-2）上，样品落入高钾钙碱性区域；在 A/NK-A/CNK 图解（图 5-2）上，样品落在准铝质区。角闪石岩的 SiO_2 含量为 38% ~ 42.5%，K_2O 含量为 0.89% ~ 1.05%，Na_2O 为 1.91% ~ 2.14%，Al_2O_3 含量为 12.6% ~ 13.7%，K_2O/Na_2O 为 0.47 ~ 0.51。

似斑状花岗岩的 *REE* 总量为 $47×10^{-6}$ ~ $102×10^{-6}$，*LREE/HREE*=18.1 ~ 19.6，La_N/Yb_N=29.9 ~ 35.5，δ_{Eu}=0.78 ~ 1.06，δ_{Ce}=0.92（表 5-1），Eu 弱-无异常，Ce 弱-无异常。花岗岩的 *REE* 总量为 $48.9×10^{-6}$ 左右，*LREE/HREE* 为 17.8 左右，La_N/Yb_N 为 33.2 左右，δ_{Eu} 为 1.5 左右，δ_{Ce} 为 0.9 左右（表 5-1），Eu 正异常，Ce 弱-无异常。角闪石岩的 *REE* 总量为 $82.5×10^{-6}$ ~ $94.9×10^{-6}$，*LREE/HREE*=3.3 ~ 4.3，La_N/Yb_N=

表 5-1　图古日格金矿二叠纪侵入岩主（%）微（ppm）量元素测试结果测试结果

样品号	TG-4	TGY-15	TGY-12	TGY-3	TGY-18	TGY-5	TG14-9	TGY-07	TGY-1	TG-17	TG-18	TG14-30
岩性	似斑状花岗岩			蚀变闪长岩				花岗岩		角闪石岩		
SiO_2	69.21	70.16	67.38	45.21	49.2	42.04	51.96	65.05	38.06	42.48	42.23	41.31
Al_2O_3	15.51	15.58	16.34	17.25	15.94	17.95	14.38	18.22	12.78	13.04	13.74	12.63
Fe_2O_3	0.45	0.36	0.56	10.83	1.32	2.74	3.32	0.44	8.06	4.94	3.91	4.24
FeO	1.8	1.35	2.24	1.75	6.83	9.62	6.26	1.49	11.25	10.27	9.95	8.04
MgO	1.2	0.855	1.31	6.68	6.46	7.15	7.08	1.04	11.6	11.13	11.74	13.4
CaO	2.01	2.27	2.25	9.98	4.98	11.64	7.73	2.94	9.87	10.17	10.4	11.03
Na_2O	4.98	4.61	4.79	2.83	3.74	1.96	2.56	5.68	1.91	2.14	2.08	2.08
K_2O	3.5	3.49	3.6	1.27	3.23	0.977	1.54	3.16	0.895	1.05	1.03	1.05
MnO	0.047	0.034	0.057	0.195	0.123	0.17	0.149	0.038	0.157	0.173	0.178	0.138
TiO_2	0.291	0.301	0.35	1.27	1.18	1.47	1.4	0.258	2.62	2.04	2.12	2.26
P_2O_5	0.061	0.079	0.07	0.359	0.3	0.289	0.35	0.069	0.029	0.064	0.057	0.02
LOI	0.71	0.74	0.79	2.16	5.86	2.88	2.95	1.43	1.46	1.35	1.42	3.63
σ	2.74	2.42	2.89	7.61	7.84		1.87	3.54				
A/NK	1.29	1.37	1.39	2.86	1.65	4.19	2.44	1.43	3.11	2.79	3.03	2.77
A/CNK	0.99	1	1.03	0.71	0.85	0.7	0.72	1	0.58	0.56	0.59	0.51

续表

样品号	TG-4	TGY-15	TGY-12	TGY-3	TGY-18	TGY-5	TG14-9	TGY-07	TGY-1	TG-17	TG-18	TG14-30
岩性	似斑状花岗岩			蚀变闪长岩				花岗岩		角闪石岩		
Rb	128	118	149	32.4	155	19.6	45.1	87.9	14.7	16.5	16	8.63
Ba	650	634	902	346	629	305	800	902	253	273	315	345
Th	3.92	10.4	5.26	0.958	6.33	0.838	9.56	4.76	0.501	1.24	0.768	0.921
U	3.23	4.77	2.77	0.322	1.86	0.304	1.393	2.48	0.214	0.673	0.368	0.358
Nb	3.78	5.34	4.37	2.05	7.31	3.19	10.89	2.8	0.878	0.426	0.709	4.779
Ta	0.289	0.457	0.294	0.114	0.526	0.199	1.233	0.23	0.069	0.027	0.089	0.614
Pb	39.1	41.8	38.8	7.83	36.5	7.66	16.46	34.5	3.75	5.09	4.32	3.89
Sr	577	525	629	916	440	849	747	709	590	366	374	489
Zr	90.4	102	108	19.7	76.4	36.5	207	73.1	44.3	49.6	48.9	68.7
Hf	2.74	3.56	3.36	0.904	2.44	1.54	7.35	2.13	1.99	2.19	2.04	2.73
La	12.2	26.3	13	15.8	23.9	13.7	29.1	12.6	7.36	10.6	9.81	7.55
Ce	21.1	45.2	22.5	32.7	48.6	33	65.25	20.9	22.6	28.9	27.5	23.64
Pr	2.22	4.77	2.37	4.37	6.24	4.86	8.7	2.27	3.89	4.68	4.63	4.45
Nd	8.27	17.7	8.63	21.4	26.8	24.6	36.9	8.53	21.5	24.8	24.8	23.33
Sm	1.33	2.76	1.42	4.68	5.08	5.88	7.89	1.42	6.22	6.34	6.63	6.69

续表

样品号	TG-4	TGY-15	TGY-12	TGY-3	TGY-18	TGY-5	TG14-9	TGY-07	TGY-1	TG-17	TG-18	TG14-30
岩性	似斑状花岗岩			蚀变闪长岩				花岗岩	角闪石岩			
Eu	0.309	0.682	0.452	1.75	1.2	1.82	2.2	0.631	1.89	1.79	2.07	1.96
Gd	1.02	2.09	1.12	3.8	4.15	4.89	6.41	1.06	5.29	5.18	5.44	4.72
Tb	0.125	0.276	0.142	0.662	0.71	0.874	1.14	0.143	1.06	0.969	1.01	0.997
Dy	0.507	1.14	0.583	3.45	3.57	4.71	6.54	0.625	5.64	5.29	5.67	5.82
Ho	0.091	0.197	0.099	0.672	0.639	0.892	1.3	0.11	1.05	0.956	1.06	1.123
Er	0.285	0.586	0.331	1.91	1.88	2.58	3.29	0.318	2.94	2.59	2.92	2.67
Tm	0.041	0.084	0.045	0.265	0.295	0.367	0.558	0.045	0.415	0.387	0.405	0.462
Yb	0.262	0.531	0.311	1.6	1.79	2.05	3.16	0.272	2.31	2.16	2.38	2.47
Lu	0.04	0.069	0.046	0.232	0.254	0.281	0.51	0.039	0.299	0.277	0.306	0.39
Y	2.61	5.9	3.33	18	19.1	22.6	33.4	3.29	25.9	26.5	27.7	27.38
ΣREE	47.8	102.4	51.05	93.29	125.1	100.5	173.1	48.96	82.46	94.92	94.63	86.29
$LREE$	45.43	97.41	48.37	80.7	111.8	83.86	150.2	46.35	63.46	77.11	75.44	67.64
$HREE$	2.37	4.97	2.68	12.59	13.29	16.64	22.92	2.612	19	17.81	19.19	18.66
$LREE/HREE$	19.16	19.59	18.07	6.41	8.42	5.04	6.55	17.75	3.34	4.33	3.93	3.63
La_N/Yb_N	33.4	35.53	29.98	7.08	9.58	4.79	6.61	33.23	2.29	3.52	2.96	2.19
δ_{Eu}	0.78	0.83	1.06	1.23	0.77	1	0.92	1.51	0.98	0.93	1.02	1.01
δ_{Ce}	0.92	0.92	0.92	0.95	0.95	0.99	0.99	0.89	1.03	1	0.99	0.98

2.3～3.5，δ_{Eu}=0.93～1.02，δ_{Ce}=1～1.03（表 5-1），Eu 弱-无异常，Ce 弱-无异常。蚀变闪长岩的 *REE* 总量为 93.3×10⁻⁶～125.1×10⁻⁶，*LREE/HREE*=5.0～8.4，La_N/Yb_N=4.8～9.6，δ_{Eu}=0.8～1.2，δ_{Ce}=0.95～0.99（表 5-1），Eu 弱-无异常，Ce 弱-无异常。

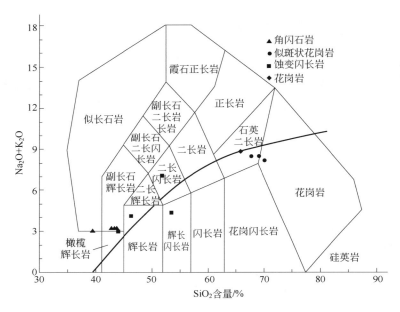

图 5-1　图古日格金矿二叠纪侵入岩硅碱图

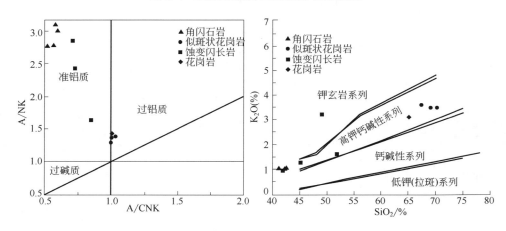

图 5-2　图古日格金矿二叠纪侵入岩铝质辨别图和 K₂O-SiO₂ 图解

　　似斑状花岗岩和花岗岩的稀土元素特征比较一致（表5-1，图5-3），球粒陨石标准化配分曲线都为右倾型（图5-3），*LREE/HREE* 和 La$_N$/Yb$_N$ 比值较大，轻稀土富集，重稀土相对亏损，轻重稀土表现出了一定的分馏特征；不同的是，花岗岩表现出了明显的铕正异常，而似斑状花岗岩则表现出轻微的铕负异常，这可能是由于花岗岩中斜长石含量较高，铕伴随斜长石进入花岗岩而造成的。

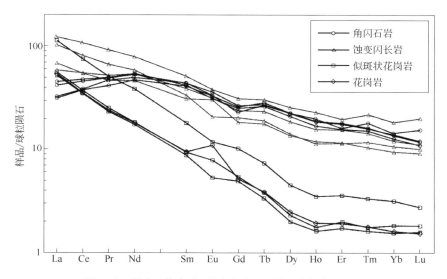

图5-3　图古日格金矿二叠纪侵入岩稀土元素标准化图解

　　角闪石岩和蚀变闪长岩的稀土元素特征比较一致（表5-1，图5-3），球粒陨石标准化配分曲线为缓右倾型（图5-3），*LREE/HREE* 和 La$_N$/Yb$_N$ 比值较小，轻稀土富集，轻重稀土分馏不明显，铈和铕基本无异常。角闪石岩的稀土元素配分曲线表现出了一些上凸特征，这种 MREE 的相对富集可能主要受控于角闪石。

　　似斑状花岗岩和花岗岩的微量元素特征比较一致，在微量元素原始地幔标准化蛛网图上（图5-4）可以看出，它们的曲线基本平行（重合）且斜率较大。K、Rb、Ba、Sr、Th、U、Pb 相对原始地幔强烈富集，Dy、Ho、Er、Y、Yb、Lu 等相对原始地幔表现出亏损的特征；此外，Th、Ce、Nb、Ta、P、Ti 具有负异常，Pb、K、U、Sr 表现出了正异常。

　　角闪石岩和蚀变闪长岩的微量元素特征比较一致，在微量元素原始地幔标准化蛛网图上（图5-4）可以看出，它们的曲线基本平行（重合）且较为平缓，微量元素特别是 K、Rb、Ba、Sr 和 Pb 都相对原始地幔表现出富集的特征，Th、Nb、Ta、Ti 具有负异常，Ba、K、Pb 和 Sr 具有正异常，除此之外角闪石岩还表现出了明显的 P 负异常。

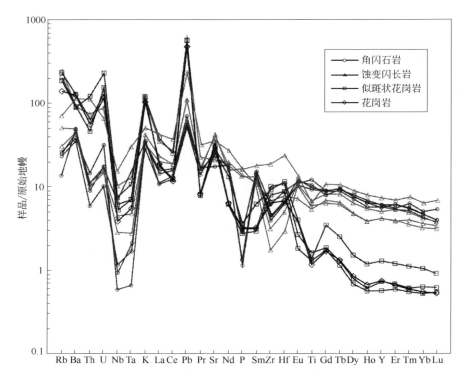

图 5-4　图古日格金矿二叠纪侵入岩微量元素蛛网图

　　蚀变闪长岩的 SiO_2 含量为 42%～52%，具有明显的偏基性和超基性，且在硅碱图解中（图 5-1），样品都落入辉长岩的范围内。但是辉长质岩浆演化成的岩浆岩中不含有辉石，暗色矿物主要为角闪石，这可能主要受水压的控制。Eggleler 指出，在总压力为 $5×10^8Pa$ 时，斜长石、单斜辉石、角闪石依次结晶的水压力为 $3×10^8Pa$，当水压接近总压（大于 $4.5×10^8Pa$）时，角闪石就会优先结晶析出。据此，可以推测，蚀变闪长岩是在较高水压条件下经结晶分异作用而形成的；此外该地区蚀变闪长岩出露面积比较广，含水矿物-角闪石的含量约为 55%，揭示其岩浆含有大量水分，所以图古日格矿区内的蚀变闪长岩是由含有大量水分的基性岩浆在稳定的偏深的条件下结晶形成的。角闪石岩和蚀变闪长岩的形成年龄较为相近，两者的微量元素和稀土元素标准化曲线都基本平行（重合），且角闪石岩一般不连续地产出在蚀变闪长岩中，所以角闪石岩可能是在蚀变闪长岩结晶过程中，由于物质成分和结晶条件非常适合角闪石的结晶析出，发生了角闪石的堆晶作用而形成的岩浆岩。

花岗岩和似斑状花岗岩的形成年龄非常相近，且两者具有非常相似的主量元素、微量元素和稀土元素含量（表 5-1，图 5-3 和图 5-4），不同的是似斑状花岗更加偏酸性，岩体结晶时间较晚，且含有钾长石和石英斑晶，显示这两种岩石可能是同一岩浆不断演化的产物，或者是同一岩浆发生扩散分异作用而形成的产物。所谓扩散分异作用是指当岩浆体内温度不同的时候，高熔点组分会由高温区向低温区聚集，最后形成低温区高熔点组分相对较多的现象。岩浆上升过程中，其与围岩接触的部位通常温度较低，而中心部位温度较高，伴随着岩浆的对流或流动，偏中性或基性的高熔点组分就会在边部发生聚集。图古日格矿区内的花岗岩和似斑状花岗岩可能就是在这种岩浆作用下形成的，似斑状花岗岩是作为中心相产出的，所以其更偏酸性，而且结晶演化时间较长，形成了钾长石和石英斑晶。

5.2
侵入岩 Sr-Nd 同位素测试

5.2.1
样品及测试分析

用于 Sr-Nd 同位素分析的二叠纪侵入岩（似斑状花岗岩、花岗岩、蚀变闪长岩和角闪石岩）样品的采集和前处理工作与主微量元素测试样品的相同，样品采集位置及样品特征详见 3.3 节。

所选岩石样品的 Sr-Nd 同位素的测试分析在核工业北京地质研究院分析测试中心完成，$^{87}Rb/^{86}Sr$ 和 $^{147}Sm/^{144}Nd$ 比值是根据样品微量元素含量测试（电感耦合等离子质谱法，ICP-MS）结果（Rb、Sr、Sm、Nd 含量）以及核素丰度计算得出。Sr（$^{87}Sr/^{86}Sr$）和 Nd（$^{143}Nd/^{144}Nd$）同位素比值则采用表面热电离质谱法（TIMS，IsoProbe-T）获得，分析过程为：称取 0.1 ~ 0.2g 研磨至 200 目的粉末样品放入聚四氟乙烯罐中，用 $HClO_4$ 和 HF 混合酸溶解样品，蒸干，加入 HCl 再蒸干，再加入 HCl，对溶液进行离心分离，清液放入阳离子交换树脂交换柱，然后用不同浓度的 HCl 淋洗交换柱，并在不同的阶段分别接收 Sr 和 REE，蒸干，分离出的 Sr 可以直接用于质谱测定，而 REE 需要再次用 HCl 溶解，装入另一种阳离子交换树脂交换柱中，然后用不同浓度的 HCl 淋洗交换柱，并在特定阶段接收 Nd，蒸干。最后采用 IsoProbe-T 热电离质谱计对分离出的 Sr 和 Nd 进行质谱分析，分析时采用平行双灯丝构件作为离子源，用 HNO_3 将分离出的 Sr 和 Nd 溶解，并滴加于样品带（铼带）中心区域，将样品带通电蒸干，放入质谱计中。进行 Sr 同位素比值（$^{87}Sr/^{86}Sr$）测试时，用 ^{85}Rb 的信号检测和校正 ^{87}Rb 的影响，并采用 $^{86}Sr/^{88}Sr$=0.1194 作为内标对测试结果进行校正；进行 Nd 同位素比值（$^{143}Nd/^{144}Nd$）测量时，用 Sm 的信号检测和校正 ^{144}Sm 的影响，并采用 $^{146}Nd/^{144}Nd$=0.7219 作为内标对测试结果进行校正。本次 Sr 和 Nd 同位素分析测试过程中，分别选用 NBS987 和 SHINESTU 作为标样，标样测量结果为（$^{87}Sr/^{86}Sr$）$_{NBS987}$=0.710246±7（推荐值为 0.71034 ± 0.00026），（$^{143}Nd/^{144}Nd$）$_{SHINESTU}$=0.512118±3（推荐值为 0.512110），测试结果和推荐值基本一致，所以本次测试的测试结果具有足够的可信度。

5.2.2
测试结果

图古日格金矿区侵入岩的全岩 Rb-Sr 和 Sm-Nd 同位素测试结果见表 5-2。Sr 同位素初始比值和 Nd 同位素特征参数计算所用的年龄值为锆石 LA-ICP-MS U-Pb 法获得的年龄值。似斑状花岗岩的初始锶同位素比值（$^{87}Sr/^{86}Sr$）$_i$ 为 0.70776 ~ 0.70799，$\varepsilon_{Nd}(t)$ 值为 –6.6 ~ –5.9（t=276Ma）；花岗岩的初始锶同位素比值（$^{87}Sr/^{86}Sr$）$_i$ 为 0.70790，$\varepsilon_{Nd}(t)$ 值为 –5.9（t=279Ma）；蚀变闪长岩的初始锶同位素比值（$^{87}Sr/^{86}Sr$）$_i$ 为 0.70659 ~ 0.70708，$\varepsilon_{Nd}(t)$ 值为 –5.8 ~ –4.4（t=288Ma）；角闪石岩的初始锶同位素比值（$^{87}Sr/^{86}Sr$）$_i$ 为 0.70629 ~ 0.70742，$\varepsilon_{Nd}(t)$ 值为 –6.5 ~ –3.8（t=281Ma）。

Faure 等根据（$^{87}Sr/^{86}Sr$）$_i$ 值的大小，将花岗岩分为低 Sr、高 Sr 和中 Sr 三类，它们认为（$^{87}Sr/^{86}Sr$）$_i$ 值小于 0.706 的花岗岩是由地幔形成的玄武质岩浆分异而成，（$^{87}Sr/^{86}Sr$）$_i$ 值大于 0.718 的花岗岩是由陆壳部分熔融形成的，而介于两者之间的可能由三部分组成：

① 下地壳源岩部分熔融；

② 地幔和地壳混合作用形成；

③ 下地壳形成的岩浆侵位过程中遭到上地壳的混染。

图古日格二叠纪侵入岩的（$^{87}Sr/^{86}Sr$）$_i$=0.70629 ~ 0.70799（表 5-2），分布在中 Sr 的下部，在图 5-5 上，基本上都落入 MC 型壳幔混合的范围内，表明它们的源区具有壳幔混合的性质。

图古日格二叠纪侵入岩的 $\varepsilon_{Nd}(t)$ 值为 –6.6 ~ –3.8，明显高于华北板块的西部陆块太古代地壳的 $\varepsilon_{Nd}(t)$（平均值为 –20），将华北板块北缘老地层的 $\varepsilon_{Nd}(t)$ 值换算到 290Ma 时，华北板块北缘太古代的岩石明显具有较低的 $\varepsilon_{Nd}(t)$ 值，在 –20 ~ –30 之间；元古代岩石的 $\varepsilon_{Nd}(t)$ 值相对更高一点，多在 –20 ~ –25 之间。表明本区的这些侵入岩不

表 5-2　图古日格金矿二叠纪侵入岩 Sr-Nd 同位素测试结果

样号	TG-4	TGY-15	TGY-12	TGY-3	TGY-18	TGY-05	TGY-07	TGY-1	TGY-17	TG-18
样品名称	似斑状花岗岩			蚀变闪长岩			花岗岩		角闪石岩	
t/Ma	276	276	276	288	288	288	279	281	281	281
Rb/ppm	152	175	192	36.5	215	22.6	113	16.8	18.4	20.4
Sr/ppm	628	646	715	1001	543	936	824	632	373	459
$^{87}Rb/^{86}Sr$	0.7006	0.7834	0.7787	0.1055	1.1465	0.07	0.397	0.0769	0.1424	0.1287
$^{87}Sr/^{86}Sr$	0.710514	0.711068	0.710891	0.707018	0.711779	0.706899	0.709473	0.70773	0.707017	0.706809
2σ	0.000014	0.000015	0.000012	0.000014	0.000014	0.000013	0.000012	0.000011	0.000012	0.000012
$(^{87}Sr/^{86}Sr)_i$	0.70776	0.70799	0.70783	0.70659	0.70708	0.70661	0.70790	0.70742	0.70645	0.70629
Sm/ppm	1.35	2.98	1.51	4.75	5.75	6.06	1.62	6.1	6.21	6.76
Nd/ppm	8.51	18.3	9.4	21.8	30	25.3	9.66	21.5	24	25.4
$^{147}Sm/^{144}Nd$	0.0956	0.0984	0.097	0.1317	0.1158	0.145	0.1012	0.1716	0.1568	0.1611
$^{143}Nd/^{144}Nd$	0.512117	0.512125	0.512156	0.512288	0.512186	0.512288	0.512161	0.512261	0.512369	0.512305
2σ	0.000007	0.000006	0.000006	0.000007	0.000007	0.000006	0.000007	0.000006	0.000006	0.000006
$(^{143}Nd/^{144}Nd)_i$	0.511944	0.511947	0.511981	0.512040	0.511968	0.512015	0.511976	0.511945	0.512081	0.512009
$\varepsilon_{Nd}(t)$	-6.6	-6.5	-5.9	-4.4	-5.8	-4.9	-5.9	-6.5	-3.8	-5.2
$f_{Sm/Nd}$	-0.51	-0.50	-0.51	-0.33	-0.41	-0.26	-0.49	-0.13	-0.20	-0.18
T_{DM}	1334	1356	1299	1603	1501	1912	1341	3206	2091	2444
T_{2DM}	1581	1576	1523	1415	1529	1455	1527	1573	1359	1473

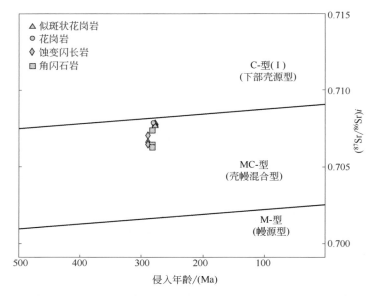

图 5-5　图古日格金矿二叠纪侵入岩($^{87}Sr/^{86}Sr$)i对侵入年龄图解

会是晚太古代、元古代古老基底物质直接熔融的产物，而是应该有更年轻的物质或者地幔组分的参与。在 $\varepsilon_{Nd}(t)$-($^{87}Sr/^{86}Sr$)i 图解上（图 5-6），两岩体的样品点落在主地幔趋势线范围附近，明显远离地壳的同位素范围，指示图古日格金矿区二叠纪侵入岩可能主要来自亏损地幔，虽然有古老地壳物质混染的影响，但是地幔物质仍然起了主导作用。

　　Nd 同位素模式年龄在特定条件下可解释为岩石从储库中分离出来的年龄，年龄值取决于所采用的储库（模式），一般多采用亏损地幔模式，即假设地壳岩石是从亏损地幔中分异演化而来。通常情况下，当地壳从地幔中分异出来时，地壳岩石中的 $^{147}Sm/^{144}Nd$ 比值应该仅在 0.10～0.14 之间变化，相当于 $f_{Sm/Nd}$ 在-0.5～-0.3 之间，所以只有当样品中的 Sm-Nd 体系满足这个条件，才适宜采用 T_{DM} 模式年龄。如果样品的 $f_{Sm/Nd}$ 大于-0.3 或小于-0.5，则认为样品从亏损地幔中分离出来后，又经历了部分熔融或其他地质作用，造成了 Sm 和 Nd 的分馏，这时如果继续采用单阶段模式计算模式年龄将会产生较大偏差，而采用二阶段 Nd 模式年龄（T_{2DM}）有助于得到较合理的结果。

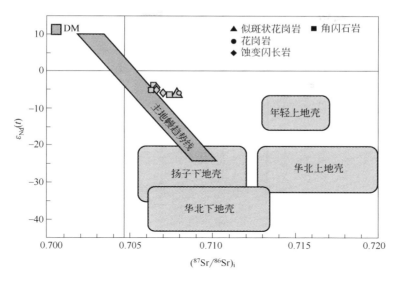

图 5-6　图古日格金矿二叠纪侵入岩 $\varepsilon_{Nd}(t)$-$(^{87}Sr/^{86}Sr)_i$ 图解

　　但是，当发生壳幔混合作用的时候，模式年龄就不再具有实际意义，只能起到一定的指示作用，即获得的 Nd 模式年龄通常小于源区的实际年龄。且相同条件下，模式年龄越大，指示地壳组分可能越多。图古日格金矿区似斑状花岗岩的 $f_{Sm/Nd}$ 为 $-5.1 \sim -5.0$，所以需要采用二阶段模式年龄，该岩体的二阶段模式年龄（T_{2DM}）为 $1523 \sim 1581Ma$，同理，对于其他侵入岩，本节也采用其二阶段模式年龄代表其亏损地幔模式年龄，所以花岗岩的 Nd 亏损地幔模式年龄为 1527Ma，蚀变闪长岩的亏损地幔模式年龄为 $1455 \sim 1603Ma$，角闪石岩的亏损地幔模式年龄为 $1359 \sim 1573Ma$。因为图古日格矿区的侵入岩是壳幔混合的结果，所以源区的实际年龄可能大于这些 Nd 模式年龄，似斑状花岗岩中较老继承锆石（1675Ma）的存在也证明了这一点。

5.3
S 和 Pb 同位素测试

　　硫有四个同位素：^{32}S、^{33}S、^{34}S 和 ^{36}S。通常用 $^{34}S/^{32}S$ 比值变异追踪硫同位素的分馏。硫同位素标准采用 CDT。$\delta^{34}S$ 变化范围很大，约为 160（‰），最重的硫

酸盐 $\delta^{34}S$ 为 95‰，最轻的硫化物为 –65‰，陨石和幔源物质的硫 $\delta^{34}S$ 约为 0‰。地幔来源的超基性岩和基性岩的 $\delta^{34}S$ 与陨石接近。超基性岩 $\delta^{34}S$ 为（–1.3 ~ 5.5）‰，平均为 1.2‰，基性岩为（–5.7 ~ 7.6）‰，平均为 2.0‰。酸性岩中硫化物 $\delta^{34}S$ 变化范围很大，且与成因有关，大多花岗岩为（–4 ~ 9）‰，平均为 4‰。海洋中含有大量硫，它以溶解状态的硫酸盐离子形式存在，现代海洋硫酸盐的 $\delta^{34}S$ 约为 20‰。不同来源的硫的同位素组成之间的差别，使得硫同位素的研究可以用来指示成矿物质的来源。

铅同位素组成一般只受放射性衰变和混合作用的影响，不会受物理、化学和生物作用过程的影响，所以在物质运移和沉淀过程中铅同位素组成保持不变。因此铅同位素组成是研究成岩成矿物质来源一种直接、有效的方法。为了探究图古日格金矿的成岩成矿物质来源，本节对矿区内的侵入岩体、地层以及矿石中的硫化物进行了 S 和 Pb 同位素的研究。

5.3.1
样品及测试分析

所采样品的前期处理和单矿物挑选等工作是由廊坊科大岩石矿物分选技术服务公司完成，岩石和地层样品可直接被粉碎、研磨至 200 目，矿石则需要经手工进行破碎、筛选，然后在双目镜下挑选出纯度 >99% 的单矿物样品，然后将挑纯后的单矿物样品研磨至 200 目，以备测试。

样品的 S 和 Pb 同位素测试分析在核工业北京地质研究院分析测试中心完成，S 同位素测试采用气体同位素质谱法，地质体样品和硫化物样品的前处理方式有所不同，对于地质体粉末样：采用碳酸钠-氧化锌半熔法将待测粉末样品转化成硫酸钡（$BaSO_4$），再用五氧化二钒（V_2O_5）法将 $BaSO_4$ 转化为二氧化硫（SO_2），纯化并收集 SO_2，用气体质谱计（Delta V Plus）分析硫同位素成分。对于硫化物样品：把硫化物单矿物与氧化亚铜（Cu_2O）在真空状态下加热，进行氧化反应，生成二氧化硫（SO_2），纯化并收集 SO_2，再用气体质谱计（Delta V Plus）分析硫同位素成分。这种测试方法测定硫同位素组成其 $\delta^{34}S$ 测定值的误差小于 0.2‰。

Pb 同位素测试采用表面热电离质谱法（TIMS，IsoProbe-T），且所有样品的处理和分析方法是统一的，分析过程为：称取 0.1 ~ 0.2g 研磨至 200 目的粉末样品放入聚四氟乙烯罐中，用 $HClO_4$、HF 和 HNO_3 混合酸溶解样品，蒸干，加入 HBr 再蒸干，再加入 HBr，对溶液进行离心分离，清液放入阴离子交换树脂交换柱（AG1X8），然后用 HBr 淋洗交换柱，之后用 HCl 洗脱铅，接收洗脱液，蒸干，最后采用 IsoProbe-T 热电离质谱计进行质谱分析，将分离出的 Pb 溶解，并滴加于样品带（铼带）中心区域，将样品带通电蒸干，放入质谱计中分析。分析时利用标样 NBS$_{981}$ 的 $^{208}Pb/^{206}Pb$ 的测试值和推荐值计算测试时的质量分馏系数，再利用分馏系数对测试结果进行校正，标样测试结果表明，所获得的 Pb 同位素比值的分析误差小于 0.005%。

5.3.2
分析结果

（1）硫同位素

本次研究对图古日格金矿床的 6 件方铅矿样品、10 件黄铁矿样品、12 件侵入岩样品和 10 件地层样品进行 S 同位素的分析测试，测试结果见表 5-3。图古日格黄铁矿的硫同位素 $\delta^{34}S_{CDT}$ 值为（-7.5~-3.5）‰，平均值为-5.88‰，同位素组成变化较小，与前人的测试结果（-8.4~-1.1）‰和（-8.3~-0.5）‰相差也不大。图古日格金矿方铅矿的硫同位素 $\delta^{34}S_{CDT}$ 值为（0.3~6.1）‰，平均值为 2.3‰，侵入岩的 $\delta^{34}S_{CDT}$ 为（1.6~10.4）‰，平均值为 6.5‰，各个地层的 $\delta^{34}S_{CDT}$ 为（9.8~27.4）‰，平均值为 20.8‰。硫同位素数据和图解（图 5-7）显示，图古日格黄铁矿中的硫同位素和其他地质体的硫同位素相差较大，所以黄铁矿中的硫可能不是直接来自于矿区范围内的任何地质体。

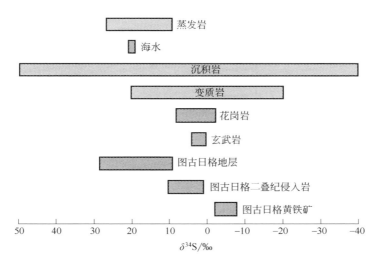

图 5-7　图古日格金矿各地质体 S 同位素图解

表 5-3　图古日格金矿 S 同位素测试结果

样品原号	岩性	$\delta^{34}S_{V\text{-}CDT}$/‰	样品原号	岩性	$\delta^{34}S_{V\text{-}CDT}$/‰	样品原号	岩性	$\delta^{34}S_{V\text{-}CDT}$/‰
TG14-10	方铅矿	6.1	TG-9-41	黄铁矿	-7.5	TG14-30-1	角闪石岩	3.9
TG14-15	方铅矿	0.3	TG-13	黄铁矿	-6.6	TG14-30-2	角闪石岩	6.1
TG14-20	方铅矿	1.8	TGRG-6	黄铁矿	-7.5	TG14-51	一岩段石英岩	样品含硫量不足
TG14-24	方铅矿	2	TG14-54-1	黑云母花岗岩	样品含硫量不足	TG14-56	一岩段石英岩	样品含硫量不足
TG14-42-1	方铅矿	3.2	TG14-54-2	黑云母花岗岩	样品含硫量不足	TG14-59	二岩段石榴片岩	9.8
TG-9-42	方铅矿	0.4	TG14-54-4	黑云母花岗岩	样品含硫量不足	TG14-50	二岩段石榴片岩	样品含硫量不足
TG14-3	黄铁矿	-3.5	TG14-9-1	蚀变闪长岩	5.4	TG14-58	二岩段石榴片岩	样品含硫量不足
TG14-6-2	黄铁矿	-5.3	TG14-34	蚀变闪长岩	7.6	TG14-49	三岩段片岩	23.1
TG14-16-2	黄铁矿	-3.7	TG14-55-2	蚀变闪长岩	10.4	TG14-52	三岩段片岩	23.8
TG14-23	黄铁矿	-6.7	TG14-39-1	似斑状花岗岩	8.4	TG14-62	三岩段片岩	样品含硫量不足
TG14-42-2	黄铁矿	-5.4	TG14-38-1	似斑状花岗岩	9.2	TG14-63	三岩段大理岩	27.4
TG14-70	黄铁矿	-5.5	TG14-38-2	似斑状花岗岩	5.5	TG14-64	三岩段石英岩	20.1
TG-9-3	黄铁矿	-7.1	TG14-35-2	角闪石岩	1.6			

图古日格矿区内与黄铁矿的硫同位素相差较小的地质体是侵入岩，所以黄铁矿中的硫同位素可能主要来自岩浆热液，硫同位素的差异一方面可能是同位素分馏造成的，另一方面可能是因为发生了与外来流体（大气降水）的混合作用。在平衡条件下，重硫同位素倾向于富集在具有较强硫键的化合物中，即由高价到低价，$\delta^{34}S_{CDT}$ 依次降低，因此，各种含硫原子团中 ^{34}S 富集的顺序为：$SO_4^{2-} \approx HSO^{1-} > SO_3^{2-} > SO_2 > S_x \approx H_2S \approx HS^- > S^{2-}$。价态幅度变化越大，温度越低，同位素分馏效应越强。氧化还原反应，特别是细菌氧化还原反应，也可能造成硫同位素的分馏，还原作用使得较轻的硫化物聚集在硫化物中，而氧化作用使重的硫同位素聚集在重新形成的氧化物中。天然开放体系中，硫酸盐还原成天然硫化物，其 ^{32}S 富集可达 $\delta^{34}S_{CDT}=$ $-62‰$。图古日格流体包裹体的研究表明，其成矿流体中含有 O_2 和 SO_4^{2-}，说明矿床形成时所处的环境为氧化环境，可能发生了氧化作用，在氧化作用过程中可能发生了硫同位素的分馏，使得硫化物发生了重硫的亏损，造成了黄铁矿中的硫同位素 $\delta^{34}S_{CDT}$ 降低至目前的值。同时，也不排除外来流体携带的硫的加入。

当含硫矿物由一个统一的流体相沉淀出现时，在平衡条件下共生矿物间的硫同位素组成会出现小的差异。氧化态强烈富集 ^{34}S，还原态硫化物间也存在相当明显的分馏，低温环境分馏更强烈。^{34}S 富集顺序：硫酸盐 ≫ 辉钼矿>黄铁矿>闪锌矿>磁黄铁矿>黄铜矿>方铅矿>辉铜矿>辉银矿>辰砂。但是图古日格金矿中的方铅矿的 $\delta^{34}S_{CDT}$ 值比黄铁矿的高，而且由显微镜下黄铁矿和方铅矿之间的结构构造关系也可以看出，方铅矿多呈脉状产出在黄铁矿的裂隙中，这些都可能说明了它们不是从同一流体相中沉淀出的，间接地指示了图古日格金矿成矿的多期性。

（2）铅同位素

本次研究对图古日格金矿床的 8 件方铅矿样品、22 件侵入岩样品和 10 件地层样品进行 Pb 同位素的分析测试，测试结果见表 5-4。图古日格金矿方铅矿的 $^{206}Pb/^{204}Pb$ 为 18.11 ~ 18.178，$^{207}Pb/^{204}Pb$ 为 15.567 ~ 15.604，$^{208}Pb/^{204}Pb$ 为 38.185 ~ 38.339。由于方铅矿中普通铅含量较多，而 U 和 Th 含量较少，所以放射性成因铅所占的比例就较少，方铅矿中现今的铅同位素组成可以代表其形成时候的铅同位素组成。而侵入岩和地层样品在矿床形成时的铅同位素组成，则需要利用侵入岩和地层样品的铅同位素测试结果、微量元素 U-Th-Pb 分析结果和成矿年龄（264Ma）进行推算。侵入岩的初始铅同位素组成，需要利用铅同位素测试结果、微量元素 U-Th-Pb 分析结果和成岩年龄（各自的锆石年龄）进行推算。计算结果见表 5-4。

通过铅同位素统计直方图可以看出，侵入岩的初始铅同为组成比较相似，指示这些侵入岩的源区可能比较相近，图古日格金矿方铅矿的铅同位素组成介于侵入岩和地层之间，且与侵入岩的铅同位素组成比较相近，指示图古日格金矿的铅元素可

表 5-4 图古日格金矿 Pb 同位素测试结果

样品原号	样品名称	比值						含量			t=264Ma			岩体年龄/Ma	初始铅		
		$^{208}Pb/^{204}Pb$	Std err	$^{207}Pb/^{204}Pb$	Std err	$^{206}Pb/^{204}Pb$	Std err	Pb (ppm)	Th (ppm)	U (ppm)	$(^{206}Pb/^{204}Pb)_t$	$(^{207}Pb/^{204}Pb)_t$	$(^{208}Pb/^{204}Pb)_t$		$(^{206}Pb/^{204}Pb)_i$	$(^{207}Pb/^{204}Pb)_i$	$(^{208}Pb/^{204}Pb)_i$
TG-4	似斑状花岗岩	38.167	0.005	15.549	0.002	18.203	0.002	39.1	3.92	3.23	17.953	15.536	38.071	275	17.942	15.536	38.067
TGY-15	似斑状花岗岩	38.381	0.004	15.587	0.001	18.309	0.002	41.8	10.40	4.77	17.962	15.569	38.141	275	17.947	15.568	38.131
TGY-12	似斑状花岗岩	38.358	0.004	15.594	0.002	18.225	0.002	38.8	5.26	2.77	18.008	15.583	38.228	275	17.999	15.582	38.222
TG14-39-1	似斑状花岗岩	38.196	0.003	15.535	0.001	18.178	0.001	39.8	10.17	1.77	18.043	15.528	37.951	275	18.037	15.528	37.941
TG14-38-1	似斑状花岗岩	38.232	0.004	15.548	0.002	18.263	0.002	49.9	10.99	3.55	18.048	15.537	38.021	275	18.039	15.536	38.012
TG14-38-2	似斑状花岗岩	38.217	0.004	15.542	0.001	18.264	0.002	43.2	8.34	2.95	18.057	15.531	38.032	275	18.048	15.531	38.024
TGY-3	蚀变闪长岩	38.261	0.004	15.551	0.001	18.221	0.002	7.83	0.96	0.32	18.096	15.545	38.144	288	18.085	15.544	38.133
TGY-18	蚀变闪长岩	38.228	0.005	15.549	0.002	18.187	0.002	36.5	6.33	1.86	18.033	15.541	38.062	288	18.018	15.540	38.046
TGY-05	蚀变闪长岩	38.273	0.005	15.555	0.002	18.25	0.002	7.66	0.84	0.30	18.130	15.549	38.168	288	18.119	15.548	38.158
TG14-9-1	蚀变闪长岩	38.385	0.005	15.536	0.002	18.256	0.003	16.5	9.56	1.39	17.999	15.523	37.826	288	17.975	15.521	37.775
TG14-34	蚀变闪长岩	38.269	0.004	15.544	0.001	18.392	0.002	11.8	3.54	1.48	18.013	15.525	37.981	288	17.978	15.522	37.955
TG14-55-2	蚀变闪长岩	38.473	0.005	15.547	0.002	18.344	0.002	27.7	11.64	2.37	18.083	15.534	38.067	288	18.059	15.532	38.030
TGY-07	花岗岩	38.215	0.005	15.555	0.002	18.226	0.002	34.5	4.76	2.48	18.008	15.544	38.083	278	17.996	15.543	38.076
TGY-1	角闪石岩	38.323	0.006	15.573	0.002	18.227	0.002	3.75	0.50	0.21	18.054	15.564	38.195	280	18.043	15.564	38.187
TG-17	角闪石岩	38.382	0.005	15.568	0.002	18.345	0.002	5.09	1.24	0.67	17.943	15.547	38.147	280	17.918	15.546	38.133
TG-18	角闪石岩	38.285	0.005	15.557	0.002	18.26	0.003	4.32	0.77	0.37	18.002	15.544	38.114	280	17.986	15.543	38.104
TG14-35-2	角闪石岩	38.133	0.007	15.535	0.003	18.113	0.003	5.75	1.02	0.18	18.018	15.530	37.964	280	18.012	15.530	37.954
TG14-30-1	角闪石岩	38.326	0.009	15.548	0.004	18.319	0.003	3.11	1.06	0.30	18.026	15.533	37.997	280	18.007	15.532	37.977
TG14-30-2	角闪石岩	38.242	0.005	15.55	0.002	18.282	0.003	3.89	0.92	0.36	18.002	15.536	38.014	280	17.985	15.535	38.000
TG14-54-1	黑云母花岗岩	38.253	0.004	15.585	0.001	18.284	0.002	15.8	3.03	0.49	18.190	15.580	38.069	415	18.135	15.577	37.962

样品原号	样品名称	比值						含量			t=264Ma			岩体年龄 /Ma	初始铅		
		$^{208}Pb/$ ^{204}Pb	Std err	$^{207}Pb/$ ^{204}Pb	Std err	$^{206}Pb/$ ^{204}Pb	Std err	Pb (ppm)	Th (ppm)	U (ppm)	$(^{206}Pb/$ $^{204}Pb)_t$	$(^{207}Pb/$ $^{204}Pb)_t$	$(^{208}Pb/$ $^{204}Pb)_t$		$(^{206}Pb/$ $^{204}Pb)_t$	$(^{207}Pb/$ $^{204}Pb)_t$	$(^{208}Pb/$ $^{204}Pb)_t$
TG14-54-2	黑云母花岗岩	38.274	0.004	15.587	0.002	18.358	0.002	16.1	1.38	0.33	18.295	15.584	38.192	415	18.258	15.582	38.144
TG14-54-4	黑云母花岗岩	38.293	0.004	15.589	0.001	18.342	0.002	18.5	1.92	0.56	18.249	15.584	38.193	415	18.194	15.581	38.135
TG14-51	一岩段石英岩	39.263	0.004	15.681	0.002	19.406	0.002	1.7	0.88	0.29	18.878	15.654	38.751				
TG14-56	一岩段石英岩	39.03	0.006	15.629	0.002	18.806	0.003	2.37	1.49	0.18	18.566	15.617	38.415				
TG14-59	二岩段石榴片岩	38.492	0.003	15.534	0.001	17.764	0.002	25.2	17.50	2.13	17.509	15.521	37.827				
TG14-50	二岩段石榴片岩	38.653	0.004	15.527	0	17.823	0.002	29.3	17.70	2.24	17.591	15.515	38.073				
TG14-58	二岩段石榴片岩	38.271	0.004	15.515	0.001	17.687	0.002	20.6	17.90	0.82	17.567	15.509	37.443				
TG14-49	三岩段片岩	41.946	0.004	15.695	0.002	19.849	0.002	8.31	16.70	2.29	18.951	15.649	39.872				
TG14-52	三岩段片岩	41.899	0.007	15.648	0.003	19.584	0.003	6.33	19.10	1.74	18.693	15.602	38.800				
TG14-62	三岩段片岩	41.011	0.004	15.693	0.002	19.884	0.002	7.72	15.60	2.80	18.716	15.633	38.950				
TG14-63	三岩段大理岩	38.38	0.011	15.617	0.004	18.579	0.004	1.56	0.16	0.16	18.264	15.601	38.283				
TG14-64	三岩段石英岩	39.261	0.004	15.616	0.002	18.609	0.002	2.26	1.40	0.25	18.270	15.599	38.654				
TG14-6-1	方铅矿(22mg)	38.185	0.003	15.567	0.001	18.11	0.001										
TG14-10	方铅矿(0.2g)	38.339	0.003	15.604	0.001	18.178	0.002										
TG14-15	方铅矿(0.4g)	38.205	0.003	15.568	0.001	18.135	0.001										
TG14-16-1	方铅矿(13mg)	38.212	0.003	15.573	0.001	18.132	0.001										
TG14-20	方铅矿(0.24g)	38.28	0.007	15.594	0.002	18.146	0.003										
TG14-22	方铅矿(0.28g)	38.245	0.012	15.582	0.005	18.133	0.005										
TG14-24	方铅矿(0.5g)	38.223	0.003	15.575	0.001	18.132	0.001										
TG14-42-1	方铅矿(0.22g)	38.258	0.004	15.58	0.001	18.157	0.002										

能主要来自岩浆热液，并受到了少量的地层混染（图 5-8）。

在图古日格金矿矿石铅和侵入岩初始铅 $^{207}Pb/^{204}Pb$-$^{206}Pb/^{204}Pb$ 和 $^{208}Pb/^{204}Pb$-$^{206}Pb/^{204}Pb$ 构造演化图解上（图 5-9），不管是矿石矿物方铅矿，还是侵入岩的初始铅同位素数据点的点位都基本一致，主要集中在造山带增长曲线附近，且变化范围较小，指示图古日格金矿的侵入岩和矿石具有相同的铅源，且主要为混合来源。在

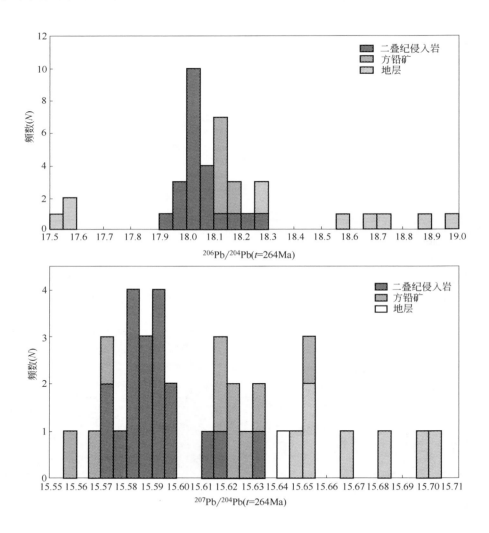

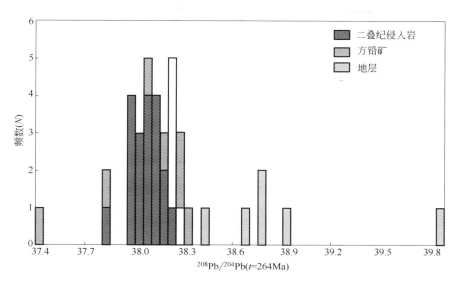

图 5-8　图古日格金矿各地质体 Pb 同位素统计直方图

$^{207}Pb/^{204}Pb$-$^{206}Pb/^{204}Pb$ 构造演化图解上数据点主要集中在造山带增长曲线和地幔增长曲线之间，指示了地幔或下地壳物质的参与，在 $^{208}Pb/^{204}Pb$-$^{206}Pb/^{204}Pb$ 构造演化图解上数据点主要集中在造山带增长曲线和下地壳增长曲线之间，可能指示了下地壳物质的参与。

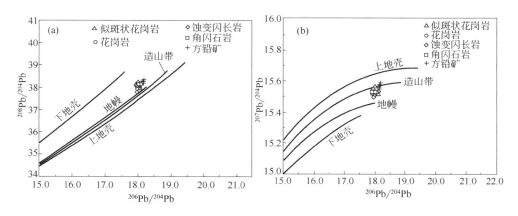

图 5-9　图古日格金矿各地质体 Pb 同为构造演化图解

5.4
黄铁矿标型特征

　　黄铁矿在各类矿床中普遍出现,在多数金矿床中更是主要的载金矿物,对其成分特征进行分析研究可以获得大量的矿床成因信息。黄铁矿中 Fe 质量分数的理论值为 46.55%,S 为 53.45%,但是由于受类质同象或元素丰度的影响,实际值与理论值往往会存在一些偏差。Co 和 Ni 可以类质同象黄铁矿中的 Fe 元素形成 CoS_2 和 NiS_2,CoS_2 与 FeS_2 可形成连续的固溶体,而 NiS_2 与 FeS_2 则形成不连续的固溶体,温度越高,这种类质同象特别是 Co 和 Fe 的类质同象就越容易进行。As 可以类质同象替换黄铁矿中 S,形成 $FeAs_2$,As 是低温元素,As 趋向于向低温富集,所以温度越低时这种类质同象越容易进行。在火山热液或岩浆热液型金矿中,成矿流体来源主要是岩浆水和部分大气水的混合,如果成矿流体中含有 Co 和 Ni,且温度偏高,就会有大量 Co 类质同象替代 Fe,而由于 NiS_2 与 FeS_2 形成的是不连续的固溶体,所以 Ni 与 Fe 的类质同象就相对较少,所以火山热液型和岩浆热液型金矿通常具有较高的 Co/Ni 比值(大于 1)。一般情况下,As 的含量则取决于大气水/岩浆水的比值,该值越大,黄铁矿中的 As 含量就会越高。所以黄铁矿中 S、Fe、Co、Ni、As 的含量,不仅可以反映成矿流体中元素丰度情况,也可以反映其成因和形成条件。

　　本次黄铁矿特征元素含量的分析测试是在中国地质大学(北京)电子探针实验室完成,测试结果见表 3-2。图古日格金矿黄铁矿中 S 和 Fe 含量都低于理论值,且含有较多的 Co,其次是 Ni,基本不含 AS。亏损 Fe 而含有 Co 和 Ni,说明在黄铁矿形成过程中可能发生了 Co、Ni 与 Fe 的类质同象,指示成矿温度可能偏高;也说明成矿流体中含有较多的 Co 和 Ni,指示成矿流体具有幔源的性质。亏损 S 而基本不含 As,一方面说明成矿流体中 As 含量较低,指示大气水的参与较少,也指示成矿温度偏高;另一方面说明黄铁矿形成过程中没有发生 As 和 S 类质同象,S 的亏损是其他原因造成的,图古日格金矿流体包裹体研究表明,其成矿流体中含有 O_2 和 SO_4^{2-},处于氧化的环境,S 的亏损可能与氧化作用有关。

　　黄铁矿中 Au 和 Ag 的相对含量是区分变质流体和岩浆热液的重要证据,当 $H_2O-NaCl\pm KCl$ 体系发生蒸气-卤水相分离时,Au、Sb、As、Bi 等元素通常以硫氢络合物的形式优先进入蒸气相,而 Fe、Zn、Na、K、Pb、Mn、Ag、Cs、Sn 等元素以 Cl 离子络合物的形式优先进入卤水相,伴随蒸气冷却收缩模式的不断进行,成矿流体中的 Au 含量会越来越多,而 Ag 含量会越来越少。图古日格金矿黄铁矿中的金含量要比 Ag 含量多,可能指示成矿流体是岩浆热液成因,且经历了蒸气-卤水相分离。

小结：

图古日格矿区内的二叠纪侵入岩为一套双峰式侵入岩，都属于高钾钙碱性系列。角闪石和蚀变闪长岩的形成年龄非常相近，且两者具有非常相似的微量元素和稀土元素含量，具有同源的特征，前者可能是后者在结晶过程中，由于物质成分（含有大量水分的基性岩浆）和结晶条件（封闭稳定的高水压条件）非常适合角闪石的结晶析出，发生了角闪石的堆晶作用而形成的岩浆岩；花岗岩和似斑状花岗岩的形成年龄非常相近，且两者具有非常相似的主量元素、微量元素和稀土元素含量，具有同源的特征，它们可能是同一岩浆经过岩浆的扩散分异作用，演化形成的两种侵入岩。

图古日格矿区内的二叠纪侵入岩具有相似的 Sr-Nd-Pb 同位素特征，初始同位素特征指示它们具有壳幔混合的性质，主要来自亏损地幔，虽然有下地壳古老物质混染的影响，地幔物质仍然起了主导的作用。

图古日格矿区内的各地质体和矿石的硫同位素测试结果表明，矿石中的硫可能主要来自于矿区内的二叠纪侵入岩，并且在其形成过程中发生了氧化作用，在氧化作用过程中发生了硫同位素的分馏，使得硫化物发生了重硫的亏损，造成了黄铁矿中的硫同位素 $\delta^{34}S_{CDT}$ 值低于侵入岩中的 $\delta^{34}S_{CDT}$ 值。

图古日格金矿矿石中的方铅矿和矿区内的各地质体的铅同位素测试结果表明，矿石中的铅元素可能主要来自岩浆热液，并受到了少量的地层混染。

黄铁矿标型特征的研究结果表明，图古日格金矿的成矿流体可能主要是岩浆热液形成的，带有幔源特征，且经历了蒸气相和卤水相的相分离。

Chapter 6

第六章

流体包裹体特征

对于热液矿床来说，其成矿流体的性质和活动可以被记录在流体包裹体中，这使得流体包裹体成为研究流体成矿作用的"探针"或"化石"。

流体包裹体可以为我们提供很多有关地质流体的重要信息，如成矿流体的温度、盐度、来源和成分等物理化学性质，对分析研究矿床的成矿条件及成因具有重要的理论和实践意义。因此为了探讨图古日格金矿床的成矿流体特征，本章对其开展了流体包裹体的分析和研究。

- 6.1　样品采集、处理及分析测试
- 6.2　流体包裹体岩相学
- 6.3　均一温度和盐度
- 6.4　流体包裹体成分
- 6.5　氢氧同位素分析

6.1
样品采集、处理及分析测试

　　本次研究对图古日格矿区内不同矿体中的不同产出状态的石英进行了采样，样品的采集位置和产出特征见表 6-1。所采石英样品的包裹体片和石英颗粒挑选由廊坊科大岩石矿物分选技术服务公司完成。样品被磨制成厚度约 0.2mm 的双面抛光的包裹体片，然后通过显微镜对包裹体进行岩相学观察和分类。

　　流体包裹体显微测温工作在中国地质大学（北京）地球化学实验室完成，所用仪器为 Linkam THMSG-600 型冷热台。其测定的温度范围为 –196 ～ +600℃，冰点测量精度为 ±0.1℃，均一温度测量精度为 ±2℃。冰点测定时，一般先降温到 –100℃保持 1min，然后开始升温，开始的升温速率控制在 10 ～ 15℃/min，之后逐渐降低至 2 ～ 5℃/min，当接近相变点时升温速率降为 0.5 ～ 1℃/min。均一温度测定时，开始时的升温速率控制在 10 ～ 20℃/min，接近相变点时降至 0.5 ～ 1℃/min。对于不含 CO_2 的低盐度包裹体，其盐度（W）按 Hall 等提出的 H_2O-NaCl 体系盐度-冰点公式计算，公式为 $W_{NaCl}=0.00+1.78T_m-0.0442T_m^2+0.000557T_m^3$，其中 T_m 为冰点下降温度。对于含 CO_2 的流体包裹体，其盐度按 Bozzo 等（1973）提出的 CO_2-H_2O-NaCl 体系盐度-笼形物消失温度公式计算，公式为 $W_{NaCl}=15.52002-1.02342T-0.05286T^2$，其中 T 为笼形物消失温度。

　　包裹体气液相成分分析是在中国地质科学院矿产资源研究所流体包裹体实验室采用气相色谱和离子色谱法完成。测试前先对样品进行清洗，简要流程为：将挑纯的石英（98%）颗粒放入王水中，在 70 ～ 80℃煮 3 ～ 4h，然后用二次蒸馏水超声波振荡淋洗，放入烘箱，在 70 ～ 80℃烘 4 ～ 5h，最后放入干燥器中保存备用。

　　气相色谱分析采用日本 Shimadzu GC2010 气相色谱仪进行，载气为 He，爆裂炉为澳大利亚 SGE 公司产的 PIU-F 型热爆裂炉。测试中先取适量清洗好的石英颗粒，对其进行吹扫以去除颗粒表面吸附的水和空气，然后对其进行爆裂，爆裂取样温度为 100 ～ 500℃。离子色谱分析采用日本 Shimadzu HICSP Super 型离子色谱仪进行，测试中先取适量经过清洗的石英颗粒放入瓷皿中，在 450 ～ 500℃下加热 0.5h，使包裹体充分爆裂，冷却后将试样倒入石英烧杯中，加适量纯水，置于超声波清洗器中，数分钟后取出，将溶液倒入样品管，如此 4 次，制成大约 30mL 溶液，继续浸取 3 次，制成空白溶液，最后对已处理过的空白溶液及试样溶液进行离子色谱分析测试。

　　流体包裹体的氢氧同位素测试在核工业北京地质研究院分析测试中心完成，使用的仪器为 Finnigan MAT 253 型质谱仪。氢同位素分析采用爆裂法取水、锌法制氢，即先在 180 ～ 200℃真空条件下加热石英颗粒 4h 以上，以去除石英中的吸附水

表 6-1　图古日格金矿流体包裹体显微测温结果

样号: TG14-4　　　岩石名称: 石英　　　简述: 2-3号脉乳白色

主矿物	类型	种类	形态	大小/μm	相比/%	CO₂包裹体			子晶消失 T/℃	气液均一 T/℃	冰点 T/℃	盐度/%
						初溶 T/℃	笼形物消失 T/℃	部分均一 T/℃				
石英	原生	L-CO₂	不规则	5×6	30	-58.3	7.1	7.6		293	5.51	4.62
石英	原生	V-L	不规则	3×5	10					242	-2.2	3.71
石英	原生	V-L	规则	2×5	10					220		
石英	原生	L-CO₂	规则	4×4	10	-58.3	8.0	26.2		238		3.89
石英	原生	V-L	不规则	4×6	5					167	-2.9	4.80
石英	原生	L-CO₂	规则	4×8	20	-58.5	7.7	26.7→V		272		4.44
石英	原生	V-L+S	不规则	3×4	5				>600	185	-2.7	4.49
石英	原生	V-L	规则	3×8	15					229	-2.4	4.03
石英	原生	V-L	不规则	3×8	15					274	-2.5	4.18
石英	原生	V-L	规则	4×8	10					245	-3.5	5.71
石英	原生	V-L	规则	5×6	10					238	-3.4	5.56
石英	原生	V-L	规则	3×6	15					231	-3.2	5.26
石英	原生	V-L	规则	5×6	10					242	-3.6	5.86
石英	原生	L-CO₂	规则	4×5	30	-58.5	8.5	30.2		257		2.96
石英	原生	L-CO₂	规则	5×6	20	-58.3	7.8	29.6		274		4.26
石英	原生	L-CO₂	规则	5×6	15	-58.3	8.2	29.4		244		3.52
石英	原生	L-CO₂	规则	5×6	20	-58.2	8.5	29.6		254		2.96

续表

样号: TG14-4　　岩石名称: 石英　　简述: 2-3号脉乳白色

主矿物	类型	种类	形态	大小/μm	相比/%	CO₂包裹体				气液均一 T/℃	冰点 T/℃	盐度/%
						初溶 T/℃	笼形物消失 T/℃	部分均一 T/℃	子晶消失 T/℃			
石英	原生	L-CO₂	规则	5×7	10	-58.2	7.8	29.8		269		4.26
石英	原生	L-CO₂	规则	5×7	15	-58.2	7.9	30.5		276		4.07
石英	原生	L-CO₂	规则	2×5	20	-58.2	7.8	30.9		282		4.26

样号: TG14-6　　岩石名称: 石英　　简述: 2号脉多层状

主矿物	类型	种类	形态	大小/μm	相比/%	CO₂包裹体				气液均一 T/℃	冰点 T/℃	盐度/%
						初溶 T/℃	笼形物消失 T/℃	部分均一 T/℃	子晶消失 T/℃			
石英	原生	L-CO₂	规则	3×5	60	-58.2	7.5	29.7		309		4.80
石英	原生	L-CO₂	规则	3×4	50	-58.2	7.5	27.5		343爆裂		4.80
石英	原生	L-CO₂	不规则	4×5	20	-58.2	7.8	30.5		316		4.26
石英	原生	L-CO₂	规则	3×5	30	-58.2	7.6	30.7		312→V		4.62
石英	原生	L-CO₂	规则	3×4	20	-58.5				231		
石英	原生	L-CO₂	规则	3×3	10	-58.5				357		
石英	原生	L-CO₂	规则	3×5	20	-58.2				396爆裂		
石英	原生	L-CO₂	规则	3×3	15	-58.2				266		
石英	原生	L-CO₂	规则	3×5	10	-58.2				362		
石英	原生	L-CO₂	规则	2×4	50	-58.8				368		

续表

样号：TG14-6　　　　岩石名称：石英　　　　简述：2号脉多层状

主矿物	类型	种类	形态	大小/μm	相比/%	CO_2包裹体			子晶消失 T/℃	气液均一 T/℃	冰点 T/℃	盐度/%
						初溶 T/℃	笼形物消失 T/℃	部分均一 T/℃				
石英	原生	L-CO₂	规则	3×4	60	−58.0	7.0	25.1		378→V		5.68
石英	原生	V-CO₂	规则	3×4	100	−58.4				24.9		
石英	原生	L-CO₂	规则	3×5	80	−58.4	6.9	26.2		411→V		5.86
石英	原生	L-CO₂	规则	3×5	40	−57.9	8.9	29.4		346		2.20
石英	原生	L-CO₂	规则	2×4	30	−57.6	7.9	29.5		334		4.07
石英	原生	L-CO₂	规则	4×5	50	−57.6	7.5	28.9		352		4.80
石英	原生	L-CO₂	规则	2×5	10					257		
石英	原生	L-CO₂	规则	3×4	5					194		
石英	原生	L-CO₂	规则	2×3	30	−57.8		29.6		214		
石英	原生	L-CO₂	规则	3×5	50	−57.6	8.1	29.8		326		3.71

样号：TG14-15　　　　岩石名称：石英　　　　简述：7号脉乳白色

主矿物	类型	种类	形态	大小/μm	相比/%	CO_2包裹体			子晶消失 T/℃	气液均一 T/℃	冰点 T/℃	盐度/%
						初溶 T/℃	笼形物消失 T/℃	部分均一 T/℃				
石英	原生	L-CO₂	规则	3×8	20	−59.0	9.1	29.5		271		1.81
石英	原生	L-CO₂	规则	6×7	20	−57.1	8.9	30.2		293		2.20
石英	原生	V-CO₂	规则	5×7	100	−57.1				25.2		

续表

样号: TG14-15　　岩石名称: 石英　　简述: 7号脉乳白色

主矿物	类型	种类	形态	大小/μm	相比/%	CO₂包裹体 初溶 T/℃	CO₂包裹体 笼形物消失 T/℃	CO₂包裹体 部分均一 T/℃	子晶消失 T/℃	气液均一 T/℃	冰点 T/℃	盐度/%
石英	原生	L-CO₂	规则	5×6	30	−57.3	9.0	30.4		337		2.00
石英	原生	L-CO₂	不规则	3×6	20	−57.0	8.7	26.5		284		2.58
石英	原生	L-CO₂	规则	6×6	15	−57.0	8.9	28.8		254		2.20
石英	原生	L-CO₂	规则	3×6	10	−57.2	9.0	29.7		246		2.00
石英	原生	L-CO₂	规则	4×10	15	−57.2	9.0	29.9		257		2.00
石英	原生	L-CO₂	规则	4×7	20	−57.2	8.9	28.6		278		2.20
石英	原生	L-CO₂	规则	3×6	60	−57.3	8.5	24.0		283		2.96
石英	原生	L-CO₂	规则	4×6	30	−58	8.7	29.5		288		2.58
石英	原生	L-CO₂	规则	6×7	15	−57.7	9.0	29.7		260		2.00
石英	原生	L-CO₂	规则	6×8	10	−57.3	9.0	30.1		249		2.00
石英	原生	L-CO₂	规则	3×6	30	57.5	8.9	29.4		286		2.20
石英	原生	L-CO₂	规则	4×5	12	57.2	9.1	29.2		255		1.81
石英	原生	L-CO₂	规则	5×6	20	57.5	9.0	29.9		266		2.00
石英	原生	L-CO₂	规则	6×7	20	57.5	8.9	30.0		265		2.20
石英	原生	L-CO₂	不规则	3×11	25	−57.3	8.4	29.2		293		3.15
石英	原生	V-L	规则	3×4	15					242		
石英	原生	V-L	规则	4×5	10					201		

续表

样号: TG14-23　　岩石名称: 石英　　简述: 7号脉灰色

主矿物	类型	种类	形态	大小/μm	相比/%	CO₂包裹体			子晶消失 T/℃	气液均一 T/℃	冰点 T/℃	盐度/%
						初溶 T/℃	笼形物消失 T/℃	部分均一 T/℃				
石英	原生	L-CO₂	不规则	6×10	5	-57.0	8.4	29.4		227		3.15
石英	原生	L-CO₂	不规则	4×5	15	-57.2	8.0	25.3		256爆裂		3.89
石英	原生	V-L	规则	2×4	10					217		
石英	原生	V-L	规则	3×4	10			25.5		212		
石英	原生	L-CO₂	不规则	3×9	10	-57.0	8.0	28.8		214		3.89
石英	原生	L-CO₂	规则	3×5	50	-57.5	7.9	18.8		282爆裂		4.07
石英	原生	L-CO₂	不规则	4×9	20	-57.1	7.7	25.8		252爆裂		4.44
石英	原生	L-CO₂	不规则	3×8	10	-57.2	7.9	23.2		218		4.07
石英	原生	L-CO₂	规则	3×10	5	-57.0	7.6	21.4		202		4.62
石英	原生	L-CO₂	规则	5×7	10	-57.0	8.0	19.7		216		3.89
石英	原生	L-CO₂	不规则	5×7	5	-57.2	8.1	20.6		228		3.71
石英	原生	L-CO₂	不规则	6×7	20	-57.1	7.4	16.7		307爆裂		4.98
石英	原生	L-CO₂	规则	3×5	20	-57.1	8.0	17.4		300爆裂		3.89
石英	原生	L-CO₂	不规则	3×7	15	-57.2	8.0	17.2		315爆裂		3.89
石英	原生	L-CO₂	不规则	4×8	25	-57.2	7.5	18.7		303爆裂		
石英	原生	L-CO₂	规则	4×6	10	-57.2	8.3	24.8		225		3.33
石英	原生	L-CO₂	规则	4×6	40	-57.0	8.2	21.7		280爆裂		3.52

续表

样号：TG14-23　　岩石名称：石英　　简述：7号脉灰色

主矿物	类型	种类	形态	大小/μm	相比/%	CO_2包裹体 初溶 T/℃	笼形物消失 T/℃	部分均一 T/℃	子晶消失 T/℃	气液均一 T/℃	冰点 T/℃	盐度/%
石英	原生	L-CO_2	规则	2×6	15	-57.4	7.6	26.9		316		4.62
石英	原生	L-CO_2	规则	5×7	15	-57.2	7.9	28.8		320		4.07
石英	原生	L-CO_2	规则	5×7	40	-57.2	7.8	25.9		292爆裂		4.26

样号：TG14-33　　岩石名称：石英　　简述：7-1号脉灰色

主矿物	类型	种类	形态	大小/μm	相比/%	CO_2包裹体 初溶 T/℃	笼形物消失 T/℃	部分均一 T/℃	子晶消失 T/℃	气液均一 T/℃	冰点 T/℃	盐度/%
石英	原生	V-L	规则	4×4	5					202	-4.2	6.74
石英	原生	V-L	规则	2×4	10					244	-4.0	6.45
石英	原生	V-L	规则	2×5	10					251	-3.9	6.30
石英	原生	V-L	规则	4×4	10					186	-3.9	6.30
石英	原生	V-L	规则	3×4	10					223	-4.1	6.59
石英	原生	V-L	规则	3×3	5					160	-3.6	5.86
石英	原生	V-L	规则	4×4	5					195	-3.8	6.16
石英	原生	V-L	规则	3×5	5					176	-4.3	6.88
石英	原生	V-L	规则	3×3	20					272	-4.0	6.45
石英	原生	V-L	规则	2×3	15					258	-3.8	6.16

续表

样号：TG14-33　　岩石名称：石英　　简述：7-1号脉灰色

主矿物	类型	种类	形态	大小/μm	相比/%	CO₂包裹体 初溶 T/°C	笼形物消失 T/°C	部分均一 T/°C	子晶消失 T/°C	气液均一 T/°C	冰点 T/°C	盐度/%
石英	原生	V-L	规则	3×7	10					230	-4.1	6.59
石英	原生	V-L	规则	4×5	40					301	-4.4	7.02
石英	原生	V-L	规则	3×6	10					218	-3.9	6.30
石英	原生	V-L	规则	4×4	10					234	-4.0	6.45
石英	原生	V-L	规则	3×3	10					223	-4.2	6.74
石英	原生	V-L	规则	3×3	10					204	-3.8	6.16
石英	原生	V-L	规则	2×4	10					189	-3.6	5.86
石英	原生	V-L	规则	4×6	10					237	-4.1	6.59
石英	原生	V-L	规则	3×7	10					225	-4.0	6.45
石英	原生	V-L	规则	2×4	10					216	-3.6	5.86

样号：TG14-41　　岩石名称：石英　　简述：2-2号脉灰白色

主矿物	类型	种类	形态	大小/μm	相比/%	CO₂包裹体 初溶 T/°C	笼形物消失 T/°C	部分均一 T/°C	子晶消失 T/°C	气液均一 T/°C	冰点 T/°C	盐度/%
石英	原生	L-CO₂	不规则	4×5	40	-57.2	-6.8	1.3		318爆裂		20.58
石英	原生	L-CO₂	不规则	5×7	30	-57.2				345→V		
石英	原生	L-CO₂	不规则	3×5	60	-57.0		7.7		258爆裂		

样号：**TG14-41**　　岩石名称：石英　　简述：**2-2 号脉灰白色**

主矿物	类型	种类	形态	大小/μm	相%	CO₂包裹体				气液均一	冰点	盐度/%
						初溶 $T/℃$	笼形物消失 $T/℃$	部分均一 $T/℃$	子晶消失 $T/℃$	$T/℃$	$T/℃$	
石英	原生	L-CO₂	规则	3×6	70	-57.0		0.6		256爆裂		
石英	原生	L-CO₂	规则	4×5	20	-57.1				405→V		
石英	原生	L-CO₂	规则	4×5	10	-57.1		8.2		284爆裂		
石英	原生	L-CO₂	规则	3×5	15	-59.8	6.2	7.8		327		7.05
石英	原生	L-CO₂	规则	3×4	40	-58.4	6.2	10.4		419→V		7.05
石英	原生	V-L	规则	3×3	10					219	-4.0	6.45
石英	原生	V-L	规则	3×4	15					227	-4.1	6.59
石英	原生	V-L	规则	4×6	5					266	-3.8	6.16
石英	原生	V-L	规则	3×7	10					247	-3.7	6.01
石英	原生	L-CO₂	规则	4×5	60	-57.8	-5.8	2.3		258爆裂		20.12
石英	原生	L-CO₂	规则	3×5	50	-58.0	-6.3	3.8		260爆裂		20.36
石英	原生	L-CO₂	规则	3×5	30	-58.2				256爆裂		
石英	原生	L-CO₂	规则	3×3	10					230爆裂		
石英	原生	L-CO₂	规则	4×5	20	-57.5	7.2	26.1		350		5.33
石英	原生	V-L	规则	4×5	10					220	-4.2	6.74
石英	原生	V-L	规则	2×5	20					355	-4.0	6.45
石英	原生	L-CO₂	规则	3×4	20	-57.7	7.3	23.5		351		5.14

续表

样号: TG14-44　　岩石名称: 石英　　简述: 2-6 号脉乳白色

主矿物	类型	种类	形态	大小/μm	相比/%	初溶 T/℃	CO_2包裹体 笼形物消失 T/℃	部分均一 T/℃	子晶消失 T/℃	气液均一 T/℃	冰点 T/℃	盐度/%
石英	原生	L-CO$_2$	不规则	9×11	30		8.6	28.8		274		2.77
石英	原生	L-CO$_2$	不规则	8×13	20		8.7	29.2		273		2.58
石英	原生	L-CO$_2$	规则	5×7	25	-57.1	8.6	25.5		259		2.77
石英	原生	L-CO$_2$	规则	6×10	25	-57.1	8.6	26.0		265		2.77
石英	原生	L-CO$_2$	规则	4×8	20	-57.1	8.6	27.5		255		2.77
石英	原生	L-CO$_2$	规则	10×11	20	-57.1	8.8	28.7		261		2.39
石英	原生	L-CO$_2$	不规则	8×13	15	-57.1	8.7	30.5		258		2.58
石英	原生	L-CO$_2$	不规则	10×18	20	-57.1	8.6	29.4		254爆裂		2.77
石英	原生	L-CO$_2$	规则	6×10	30	-57.1	8.5	25.4		288		2.96
石英	原生	L-CO$_2$	规则	4×7	30	-57.1	8.6	30.4		290		2.77
石英	原生	L-CO$_2$	不规则	5×10	20	-57.1	9.0	28.0		267		2.00
石英	原生	L-CO$_2$	规则	10×11	25	-57.1	8.8	27.7		266		2.39
石英	原生	L-CO$_2$	不规则	9×9	5	-57.1	9.2	30.8		235		1.62
石英	原生	L-CO$_2$	不规则	4×6	15	-57.1	9.0	27.9		251		2.00
石英	原生	L-CO$_2$	规则	3×7	10	-57.1	8.8	28.6		247		2.39
石英	原生	L-CO$_2$	规则	5×5	30	-57.1	8.7	28.0		237		2.58
石英	原生	L-CO$_2$	不规则	15×21	5	-57.4	8.6	27.8		267		2.77

续表

样号：TG14-44　　岩石名称：石英　　简述：2-6号脉乳白色

主矿物	类型	形态	大小/μm	相比/%	CO₂包裹体			子晶消失 T/°C	气液均一 T/°C	冰点 T/°C	盐度/%
					初溶 T/°C	笼形物消失 T/°C	部分均一 T/°C				
石英	原生	L-CO₂	规则	5×7	10	-57.3	8.7	28.4		246		2.58
石英	原生	L-CO₂	规则	5×10	15	-57.1	8.7	29.0		263		2.58
石英	原生	L-CO₂	不规则	6×8	10	-57.1	8.8	27.2		254		2.39

样号：TG14-45　　岩石名称：石英　　简述：2-6号脉灰白色

主矿物	类型	形态	大小/μm	相比/%	CO₂包裹体			子晶消失 T/°C	气液均一 T/°C	冰点 T/°C	盐度/%
					初溶 T/°C	笼形物消失 T/°C	部分均一 T/°C				
石英	原生	L-CO₂	规则	4×7	25	-57.2	7.3	24.2		288		5.14
石英	原生	L-CO₂	不规则	5×6	25	-57.2	6.8	14.9		280爆裂		6.03
石英	原生	L-CO₂	规则	4×6	10	-57.2	8.4	30.4		246		3.15
石英	原生	L-CO₂	规则	5×6	50	-57.3	8.3	29.6		318		3.33
石英	原生	L-CO₂	规则	5×5	30	-57.1	8.0	27.4		319		3.89
石英	原生	L-CO₂	规则	3×6	50	-57.3	7.4	27.7		313爆裂		4.98
石英	原生	L-CO₂	规则	5×8	20	-57.3	7.9	29.1		299		4.07
石英	原生	L-CO₂	不规则	4×6	50	-57.1	8.4	29.8		356→V		3.15
石英	原生	L-CO₂	规则	3×6	70	-57.1	8.6	25.8		329→V		2.77
石英	原生	L-CO₂	规则	4×4	20	-57.1	8.4	27.9		278		3.15

内蒙古图古日格
金矿床地质研究

续表

样号：TG14-45　岩石名称：石英　简述：2-6号脉灰白色

主矿物	类型	种类	形态	大小/μm	相比/%	CO₂包裹体 初溶 T/℃	笼形物消失 T/℃	部分均一 T/℃	子晶消失 T/℃	气液均一 T/℃	冰点 T/℃	盐度/%
石英	原生	V-L	规则	3×6	10					225	-2.7	4.49
石英	原生	V-CO₂	规则	6×6	100	-57.2				13.8		
石英	原生	L-CO₂	不规则	5×10	5	-57.2	7.7	28.1		168		4.44
石英	原生	V-L	规则	5×6	5					162	-2.5	4.18
石英	原生	V-L	规则	7×8	5					185	-3.0	4.96
石英	原生	L-CO₂	规则	5×7	30	-57.1	7.9	30.6		324		4.07
石英	原生	L-CO₂	规则	5×7	50	-57.1	7.8	29.5		330→V		4.26
石英	原生	L-CO₂	规则	3×4	60	-57.1	8.0	30.4		327→V		3.89
石英	原生	L-CO₂	规则	4×8	50	-57.1	7.9	30.8		284爆裂		4.07
石英	原生	L-CO₂	规则	6×8	50	-57.1	8.0	29.8		333→V		3.89

样号：TG14-46　岩石名称：石英　简述：18-1号脉灰色石英

主矿物	类型	种类	形态	大小/μm	相比/%	CO₂包裹体 初溶 T/℃	笼形物消失 T/℃	部分均一 T/℃	子晶消失 T/℃	气液均一 T/℃	冰点 T/℃	盐度/%
石英	原生	L-CO₂	规则	2×4	10	-58.2				343爆裂		
石英	原生	V-CO₂	规则	2×3	10	-58.7				27.4		
石英	原生	L-CO₂	规则	3×3	15	-58.2				314		

续表

样号: TG14-46　　岩石名称: 石英　　简述: 18-1号脉灰色石英

主矿物	类型	种类	形态	大小/μm	相比/%	CO₂包裹体			子晶消失 $T/℃$	气液均一 $T/℃$	冰点 $T/℃$	盐度/%
						初溶 $T/℃$	笼形物消失 $T/℃$	部分均一 $T/℃$				
石英	原生	L-CO₂	不规则	2×4	10	−58.4				210 爆裂		
石英	原生	V-L	不规则	1×3	15					231	−4.1	6.59
石英	原生	V-L	不规则	2×4	10					247		
石英	原生	V-L	规则	2×3	10					210	−3.8	6.16
石英	原生	V-L	不规则	3×4	5					182		
石英	原生	V-CO₂	规则	4×4	100	−58.6				24.4		
石英	原生	L-CO₂	规则	2×3	10	−59.6				325		
石英	原生	V-L	规则	3×3	15	−58.4				283 爆裂	−4.4	7.02
石英	原生	L-CO₂	规则	3×3	15					249		
石英	原生	L-CO₂	规则	3×3	40	−58.4	7.8	30.3		423		4.26
石英	原生	L-CO₂	规则	3×3	30	−58.6	8.4	28.2		358		3.15
石英	原生	V-L	不规则	3×6	10					256	−4.3	6.88
石英	原生	V-L	不规则	2×5	20					344		
石英	原生	V-L	规则	2×5	5					222	−4.0	6.45

续表

样号：TG14-66　　岩石名称：石英　　简述：18-1 号脉乳白色石英

主矿物	类型	种类	形态	大小/μm	相比/%	CO₂包裹体			子晶消失 T/°C	气液均一 T/°C	冰点 T/°C	盐度/%
						初溶 T/°C	笼形物消失 T/°C	部分均一 T/°C				
石英	原生	V-L	规则	2×4	10					289	-2.4	4.03
石英	原生	V-L	不规则	3×5	5					177	-3.1	5.11
石英	原生	V-L	不规则	1×8	10					199	-3.0	4.96
石英	原生	V-L	规则	2×4	5					171	-3.5	5.71
石英	原生	V-L	规则	4×10	20					258	-3.4	5.56
石英	原生	V-L	不规则	7×7	25					334	-3.7	6.01
石英	原生	V-L	规则	3×5	10					154	-2.8	4.65
石英	原生	V-L	不规则	4×4	15					281	-3.1	5.11
石英	原生	V-L	规则	2×3	10					241		
石英	原生	V-L	不规则	3×5	5					237		
石英	原生	V-L	规则	2×5	40					367爆裂		
石英	原生	V-L	规则	2×3	15					215	-3.6	5.86
石英	原生	V-L	规则	2×3	10					208	-3.4	5.56
石英	原生	V-L	规则	3×4	10					231	-4.0	6.45
石英	原生	V-L	规则	3×3	10					236	-4.1	6.59
石英	原生	V-L	不规则	3×4	10					305	-3.6	5.86
石英	次生	V-L	不规则	4×6	5					135	-1.0	1.74
石英	原生	V-L	规则	2×5	5					246	-4.0	6.45
石英	原生	V-L	规则	3×6	5					251	-3.4	5.56
石英	次生	V-L	不规则	5×10	5					144	-0.9	1.57

及次生包裹体中的水，然后在 500℃条件下使原生包裹体发生爆裂，提取水蒸气，让水蒸气通过加热到 400℃的装有锌粒和二氧化硅的反应炉，使水分解成氢气，同时用活性炭在液氮冷却条件下收集氢气，之后进行氢同位素质谱分析。

氧同位素分析采用 BrF_5 法，即让石英颗粒与 BrF_5 在真空条件下于 500~600℃反应 14h，释放出氧气，用冷却法分离生成的 SiF_4、BrF_3 等杂质组分，收集纯净的 O_2 气体，让氧气于 700℃在铂催化剂的作用下与石墨反应生成 CO_2，冷却收集生成的 CO_2，之后进行质谱同位素分析。氢、氧同位素分析精度分别为 ±2‰和 ±0.2‰，分析结果均以 V-SMOW 为标准。

6.2
流体包裹体岩相学

图古日格金矿的石英脉体中含有丰富的流体包裹体，根据这些包裹体在室温下的相态特征、包裹体的成分以及冷冻/升温过程中的相变行为，它们可被分为 3 个类型：Ⅰ类为含 CO_2 三相包裹体；Ⅱ类为气液两相水溶液包裹体；Ⅲ类为纯 CO_2 两相包裹体（图 6-1）。其中第Ⅰ类包裹体含量最多，其次为第Ⅱ类包裹体，第Ⅲ

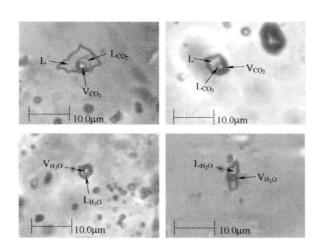

图 6-1

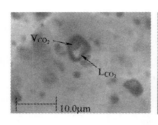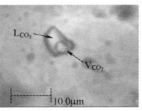

图 6-1 图古日格金矿流体包裹体显微照片

类包裹体比较少见。

第 I 类包裹体多呈负晶形、近圆形和椭圆形产出，少数呈不规则状产出，长轴长度为 3~21μm，多数为 4 ~ 8μm，常温下呈气相 CO_2（V_{CO_2}）、液相 CO_2（L_{CO_2}）和液相水溶液（L_{H_2O}）三相，具有典型的"双眼皮"特征（图 6-1），CO_2 相（L+V）所占比例变化较大，从 5%到 70%均有，多为 5% ~ 30%。加热时气相 CO_2 先消失，整个包裹体最终多均一至液相，部分均一为气相，也有部分包裹体未达到均一就发生了爆裂。第 II 类包裹体多呈长条形、近圆形和椭圆形及多边形产出，长轴长度多为 3 ~ 6μm，常温下由气相 V_{H_2O} 和液相 L_{H_2O} 两相组成，气相比例多为 5% ~ 15%，个别能达到 20%，加热时均一为液相。第 III 类包裹体非常少见，主要呈多边形和不规则状产出，常温下由气相 CO_2 和液相 CO_2 两相组成，长轴长度为 3 ~ 6μm。

6.3
均一温度和盐度

石英脉内流体包裹体的显微测温结果见表 6-1。数据显示，第 I 类包裹体的初溶温度主要为 –58.6 ~ –57.0℃（略低于三相点 –56.6℃），指示其气相成分可能主要为 CO_2，同时含有少量其他气体。笼形物消失温度 T(℃)主要为 6.2 ~ 9.8℃，对应的盐度主要为 2.0% ~ 5.86% $NaCl_{eqv}$，个别包裹体的盐度较高，甚至能达到 20.58% $NaCl_{eqv}$。部分均一温度范围为 0.6 ~ 30.9℃，主要为 20.6 ~ 30.9℃，完全均一温度变化范围较广，从 168℃至 423℃均有出现，主要为 228 ~ 330℃（图 6-2），包裹体多均一至液相，部分均一至气相，也有部分包裹体未达到均一就发生了爆裂，其中均一为气相的包裹体的完全均一温度较高一些。

　　第Ⅱ类包裹体的完全均一温度为 135～355℃，主要为 198～258℃（图 6-2）；冰点主要为 -2.7～-4.4，对应的盐度为 1.57%～7.02% NaCl$_{eqv}$，主要为 4.18%～6.88% NaCl$_{eqv}$（图 6-3）。第Ⅲ类包裹体的初溶温度主要为 -58.7～-57.1℃，指示其气相可能主要成分为 CO_2，完全均一温度为 13.8～27.4℃。

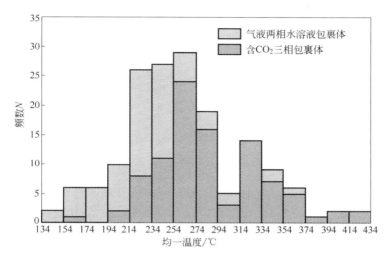

图 6-2　图古日格金矿流体包裹体均一温度直方图

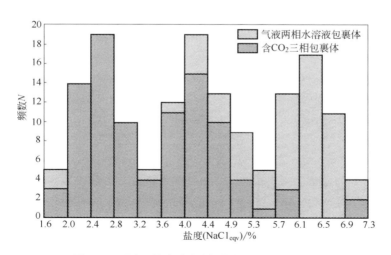

图 6-3　图古日格金矿流体包裹体均一温度直方图

图古日格金矿石英脉的矿同一视域中，经常见有气相充填度变化很大（从≤5%到＞70%）的 CO_2 三相包裹体，纯 CO_2 包裹体和气液水包裹体等不同类型的包裹体共生，且岩相学观察表明它们是同期次捕获的原生包裹体，而且共生的气液水包裹体（Ⅱ类）和 CO_2 三相包裹体（Ⅰ类）的均一温度相近，气液水包裹体（Ⅱ类）的盐度比 CO_2 三相包裹体（Ⅰ类）高（图 6-2 和图 6-3），且差别较大，这些都表明成矿流体正在经历沸腾（不混溶），一种为较低盐度、富气相流体，另一种为高盐度、低气相流体。

6.4
流体包裹体成分

因为包裹体内的大部分离子的拉曼活性不强，所以用激光拉曼分析方法检查包裹体成分有一定的局限性，为了更准确地探讨成矿流体的成分，本次研究对石英脉样品进行了流体包裹成分的气相色谱和离子色谱分析。分析结果见表 6-2 和表 6-3。由表 6-2 可见，图古日格石英脉流体包裹体中的主要气体组成为 CO_2、H_2O 和 N_2，其次为 O_2 和 CO，基本不含 CH_4、C_2H_2、C_2H_4 和 C_2H_6。由表 6-3 可见，图古日格石英脉流体包裹体中的离子组成主要为 Ca^{2+}、Na^+、SO_4^{2-} 和 Cl^-，其次为 Mg^{2+}、F^-、NO_2^- 和 NO_3^-，12 件样品中均未检测出 Li^+。气相色谱和离子色谱分析的分析结果与激光拉曼的定性分析结果相吻合。流体包裹体成分分析结果表明，图古日格金矿床的成矿流体是 $NaCl+CaCl_2+CO_2+H_2O$ 体系，贫钾而富集钙和钠可能与广泛发育的钾长石化有关，即成矿流体中的钾进入围岩，而围岩中的 Ca 和 Na 则进入流体，O_2 和 SO_4^{2-} 的存在显示出金矿化阶段成矿流体处于较强氧化的环境。

6.5
氢氧同位素分析

受同位素分馏的影响，不同来源的流体具有不同的氢氧同位素组成，因此氢氧

表 6-2　图古日格金矿流体包裹体气相成分测试结果

样品编号	矿物名称	取样温度/℃	CH₄/(μg/g)	C₂H₂+C₂H₄ /(μg/g)	C₂H₆/(μg/g)	CO₂/(μg/g)	H₂O/(μg/g)	O₂/(μg/g)	N₂/(μg/g)	CO/(μg/g)
TG14-3	石英	100~500	0.093	0.083	n.d	244.894	302.581	18.612	92.627	4.089
TG14-6	石英	100~500	0.046	0.093	n.d	256.067	320.510	17.709	89.852	4.777
TG14-8	石英	100~500	0.045	0.063	n.d	192.049	373.603	16.963	83.064	4.304
TG14-10	石英	100~500	0.099	0.108	n.d	226.739	304.228	17.561	89.241	5.808
TG14-16	石英	100~500	0.060	0.112	n.d	270.993	264.611	16.045	81.408	4.577
TG14-17	石英	100~500	0.115	0.144	n.d	370.336	644.602	16.596	86.922	12.167
TG14-22	石英	100~500	0.071	0.106	n.d	316.941	404.721	16.048	84.456	5.447
TG14-20	石英	100~500	0.047	0.085	n.d	296.338	369.155	17.972	89.784	4.789
TG14-33	石英	100~500	0.052	0.069	n.d	179.287	595.258	14.665	74.244	14.192
TG14-41	石英	100~500	0.058	0.077	n.d	208.619	273.826	18.284	92.474	7.114
TG14-44	石英	100~500	0.056	0.065	n.d	244.750	810.510	15.148	75.668	13.033
TG14-47	石英	100~500	0.105	0.096	n.d	276.826	540.784	17.686	89.168	8.461

注：n.d 表示低于检出限。

单位：μg/g

表 6-3　图古日格金矿流体包裹体液相成分测试结果

原编号	矿物名称	Li⁺	Na⁺	K⁺	Mg²⁺	Ca²⁺	F⁻	Cl⁻	NO₂⁻	Br⁻	NO₃⁻	SO₄²⁻
TG14-3	石英	n.d	1.373	0.796	0.737	9.752	2.544	3.726	1.408	n.d	1.022	2.425
TG14-6	石英	n.d	0.911	1.652	0.976	10.297	3.711	2.311	1.411	n.d	1.058	4.516
TG14-10	石英	n.d	1.223	n.d	0.676	10.969	4.404	2.784	1.375	n.d	0.880	1.730
TG14-8	石英	n.d	1.080	n.d	0.682	14.107	0.036	2.801	1.436	n.d	1.092	3.810
TG14-16	石英	n.d	1.505	0.802	0.609	11.457	0.094	3.191	1.364	n.d	1.089	4.520
TG14-17	石英	n.d	1.765	1.288	0.895	12.214	0.036	3.531	1.437	0.083	1.157	7.861
TG14-20	石英	n.d	1.767	n.d	0.723	10.815	0.082	4.274	1.358	n.d	1.009	3.131
TG14-22	石英	n.d	1.554	n.d	0.771	7.923	0.047	4.033	1.405	n.d	0.967	6.144
TG14-33	石英	n.d	0.974	n.d	0.944	14.357	0.143	2.899	1.393	0.078	1.201	4.824
TG14-41	石英	n.d	0.867	n.d	0.570	21.576	0.095	1.937	1.455	n.d	1.295	3.368
TG14-44	石英	n.d	1.587	n.d	0.562	24.667	0.133	4.814	1.356	0.064	1.101	5.075
TG14-47	石英	n.d	3.169	0.912	0.776	5.497	0.053	9.767	1.416	n.d	1.054	2.908

注：取样温度 100~500℃，n.d 表示低于检出限。

同位素成为了判断成矿流体来源的重要依据，本次研究对 13 件图古日格金矿床石英脉样品进行了氢氧同位素分析测试，结果见表 6-4。由该表可以看出，石英的 $\delta^{18}O_{石英}$ 实测值为 10.1‰ ~ 14.9‰，平均为 12.6‰，包裹体中水的 δD_{V-SMOW} 实测值为 –108.8‰ ~ –87.4‰，平均值为 –99.1‰。包裹体气相色谱分析显示，成矿流体中几乎不含 CH_4，所以包裹体中水的 δD 实测值可以用来代表成矿流体中的 δD 值。对于 $\delta^{18}O_{水}$ 值，当水和石英之间的同位素反应达到平衡时，它们之间的同位素分馏与温度有关，温度为 200 ~ 500℃时分馏因子满足 $1000\ln\alpha_{石英-水}=3.38\times10^6/T^2-3.4$，如果石英和水之间的 $\delta^{18}O$ 之间的差值小于 10‰，那么 $1000\ln\alpha_{石英-水}\approx\delta^{18}O_{石英}-\delta^{18}O_{水}$，利用这个公式和流体包裹体测温得到的均一温度数据，就可以计算出图古日格金矿床成矿流体的 $\delta^{18}O_{水}$ 值，结果见表 6-4。成矿流体的 $\delta^{18}O_{水}$ 为 1.1‰ ~ 6.9‰，平均值为 4.5‰。在投图上 $\delta D_{水}$–$\delta^{18}O_{水}$ 图解中（图 6-4），13 件石英样品点落在岩浆水范围左下方靠近岩浆水的区域。氢、氧同位素组成表明，成矿流体可能主要为岩浆水，且其形成过程中可能发生了卤水相和蒸气相的不混溶分离现象。当成矿流体发生气液相分离时，由于重力分馏作用，气相流体中通常富集 H 和 ^{16}O 等轻核素，而亏损 D 和 ^{18}O 等重核素，这就造成了气相流体冷却形成的成矿流体中的 $\delta D_{水}$ 和 $\delta^{18}O_{水}$ 值相对偏小，也就造成了样品点向岩浆水区域的左下方偏移。同时这种偏移也可能与岩浆源区有亏损 $\delta^{18}O$ 的地幔物质的参与或岩浆水和大气降水的混合作用有关。

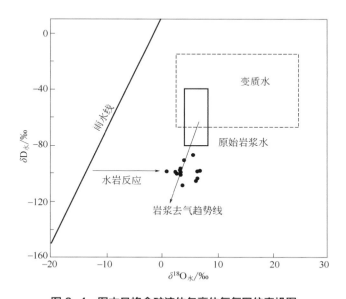

图 6-4　图古日格金矿流体包裹体氢氧同位素投图

表 6-4 图古日格金矿流体包裹体氢氧同位素测试结果

样品原号	岩石矿物	脉体	均一温度	石英 $\delta^{18}O_{V\text{-SMOW}}$/‰	水 $\delta^{18}O_{V\text{-SMOW}}$/‰	$\delta D_{V\text{-SMOW}}$/‰
TG14-4	石英	2-3 号脉	246.6	10.1	1.1	−98.7
TG14-6	石英	2 号脉	313.7	12.8	6.4	−104.8
TG14-8	石英	2 号脉	313.7	13.3	6.9	−98.9
TG14-10	石英	2-3 号脉	246.6	11.7	2.7	−99.4
TG14-15	石英	7 号脉	268.8	12	4.0	−108.8
TG14-16	石英	7 号脉	268.8	11.6	3.6	−101.1
TG14-17	石英	7 号脉	268.8	11.5	3.5	−99.5
TG14-20	石英	7 号脉	268.8	11.5	3.5	−96.6
TG14-33	石英	7-1 号脉	222.2	13.3	3.0	−100.2
TG14-41	石英	2-2 号脉	284.6	14.1	6.7	−98.6
TG14-44	石英	2-6 号脉	260.8	12.5	4.1	−91
TG14-46	石英	18-1 号脉	280.1	14.2	6.6	−103.8
TG14-47	石英	2-3 号脉	246.6	14.9	5.9	−87.4

小结：

流体包裹的岩相学观察和显微测温研究表明，图古日格金矿床的含矿石英脉在形成过程中经历了流体沸腾（不混溶）作用，其流体包裹体是在沸腾状态下从两种性质不同的流体中捕获的，一种为较低盐度、富气相流体，另一种为高盐度、低气相流体。流体的不均一性可能导致包裹体的温度和盐度数据出现偏差，但是这些数据也具有一定的指示意义，所以图古日格金矿的成矿流体是中高温、中低盐度的流体。流体包裹体成分分析结果表明，图古日格金矿床的成矿流体是含有 O_2 和 SO_4^{2-} 的 $NaCl+CaCl_2+CO_2+H_2O$ 体系，贫钾而富集钙和钠可能与广泛发育的钾长石化有关，即成矿流体中的钾进入围岩，而围岩中的 Ca 和 Na 则进入流体，O_2 和 SO_4^{2-} 的存在显示出金矿化阶段成矿流体处于较强氧化的环境。氢、氧同位素组成表明，成矿流体可能主要为岩浆水，且其在深部演化过程中可能发生了卤水相和蒸气相的不混溶分离现象，同时可能伴随有亏损 $\delta^{18}O$ 的地幔物质参与或岩浆水和大气降水的混合作用。

Chapter 7

第七章

矿床成因

- 7.1 成岩与成矿事件的耦合
- 7.2 成岩成矿背景
- 7.3 成矿流体性质及来源
- 7.4 物质来源
- 7.5 矿床成因类型
- 7.6 成矿动力学

7.1
成岩与成矿事件的耦合

  图古日格金矿的矿体基本上切穿了矿区内的所有岩层岩性，如似斑状花岗岩及蚀变闪长岩以及下元古界宝音图群石英岩、大理岩和云母石英片岩，而且产出位置与似斑状花岗岩存在密切的空间关系，一方面除了7号矿体主要赋存在蚀变闪长岩中和2-3号矿体赋存在下元古界宝音图群第三岩组中外，其余矿体均产出在似斑状花岗岩中，另一方面，即使部分矿体没有产出在似斑状花岗岩中，其产出位置也位于似斑状花岗岩的不远处。

  图古日格矿区侵入岩的 LA-MC-ICP-MS 锆石 U-Pb 测试分析结果表明，似斑状花岗岩的侵位年龄为（275.8～264.5）Ma，花岗岩的侵位年龄为（278.7±1.0）Ma，角闪石岩的形成时代为（280.6±1.3）Ma，蚀变闪长岩的侵位年龄为（288.0±2.6）Ma，均属于二叠纪，黑云母花岗岩的侵位年龄为（415.1±2.1）Ma，属于晚志留世。由于图古日格金矿的矿体基本上切穿了矿区内的所有岩层岩性，所以成矿作用最可能与矿区中最年轻的地质体存在成因联系，也就是似斑状花岗岩（275.8～264.5Ma）。图古日格金矿黄铁矿 Re-Os 和 Ar-Ar 同位素测试分析结果表明，图古日格金矿床的成矿年龄为 268～259Ma，该年龄与似斑状花岗岩的成岩年龄有重合，且稍微小于成岩年龄。

  从国内外其他岩浆热液相关型金矿床的成岩和成矿时代来看，矿床的成岩和成矿时代普遍存在微小甚至较长的时间差。如库姆托尔金矿床的主成矿期的年龄约为280Ma，矿区内的花岗岩侵入体的年龄为 274～287Ma。浩尧尔忽洞金矿床矿区内黑云二长花岗岩的成岩年龄为（277±3）Ma，王建平等测定出该矿床矿石的黑云母氩氩年龄为（270.1±2.5）Ma。毕立赫金矿床是一个斑岩型金矿床，卿敏等利用辉钼矿铼锇的方法获得的该矿床的成矿年龄为（272.7±1.6）Ma，路彦明等给出的含金花岗闪长斑岩的成岩年龄为（283.8±4.2）～（279.9±6.8）Ma。对一些与斑岩相关的铜钼矿来说也是一样，如内蒙古小东沟斑岩型钼矿床的成矿年龄为（135.5±1.5）Ma，而其成矿岩体的成岩年龄为（142.2±2）Ma；查干花钼矿床的成矿年龄为253Ma，而其成矿年龄为243Ma；普朗斑岩铜矿的含矿二长斑岩的锆石年龄分别为（226±3）Ma，而其成矿年龄为（213±3.8）Ma。

  前人对斑岩型铜钼矿的研究发现：

  ① 与斑岩矿化有关的岩浆活动都具有多阶段多期次的特征，形成的侵入岩体通常是复式岩体（岩株）；

  ② 斑岩侵位年龄通常早于矿化年龄，有的甚至早 10Ma；

  ③ 有的斑岩型矿床矿化持续时间很长。

图古日格金矿床的似斑状花岗岩和成矿也具有这些特征：

① 花岗岩和似斑状花岗岩可能是一个复式岩体，它们的形成年龄非常相近，且两者具有非常相似的主量元素、微量元素和稀土元素含量，具有同源的特征，它们可能是同一岩浆经过岩浆的扩散分异作用，演化形成的两种侵入岩；

② TGY-12 和 TG14-38 两件似斑状花岗岩样品给出的该岩体的侵位年龄分别为（275.8±1.5）Ma 和（264.5±1.4）Ma，这指示似斑状花岗岩的岩浆活动具有多期多阶段性，持续时间较长。从野外地质特征也可以看出，似斑状花岗岩具有似斑状结构，结晶程度较好，钾长石斑晶较大，显示该岩体经历了较长时间的演化过程；

③ 黄铁矿 Re-Os 年龄和绢云母 Ar-Ar 年龄指示了图古日格金矿床的成矿作用持续时间较长，成矿年龄为 268～259Ma。

综上所述，图古日格金矿的矿体和矿区内的似斑状花岗岩具有紧密的时空关系，指示它们之间可能有密切的成因联系。

7.2
成岩成矿背景

图古日格二叠纪侵入岩表现出了一些俯冲带侵入岩的地球化学特征，它们都属于高钾钙碱性岩系列，在花岗岩 Y+Nb-Rb 构造环境辨别图解中（图 7-1），图古日格金矿花岗质岩石都投影于火山弧区域内。在玄武岩 Ta/Yb-Th/Yb 构造环境辨别图解中（图 7-1），蚀变闪长岩投影于活动大陆边缘和大洋岛弧区域；蚀变闪长岩的 SiO_2 含量为 42%～52%，明显的偏基性和超基性，且在硅碱图解中（图 5-1），样品都落入辉长岩的范围内，但是辉长质岩浆演化成的岩浆岩中不含有辉石，暗色矿物主要为角闪石，指示图古日格矿区内的蚀变闪长岩是由含有大量水分的基性岩浆在稳定的偏深的条件下结晶形成的，这种高的含水量可能来自俯冲洋壳的脱水作用；微量元素测试结果显示，图古日格二叠纪侵入岩都表现出了高场强元素和大离子亲石元素的解耦，富集大离子亲石元素，而亏损高场强元素。高场强元素和大离子亲石元素都是不相容元素，通常地球化学特征比较相似，只有流体中会强烈富集大离子亲石元素，而亏损高场强元素，所以一般认为它们的解耦与流体的参与有关，能够指示俯冲洋壳的脱水作用产生的流体的参与，所以图古日格二叠纪侵入岩的微量元素也表现出了俯冲带侵入岩的地球化学特征。

对于具有俯冲带地球化学特征的侵入岩的成因，目前有两种解释，一种认为它们直接形成于俯冲背景下；另一种认为，岩体的这些地球化学特征反映的不是其构造环境，而是仅仅反映了岩石的岩浆源区。即前期的俯冲作用改造了侵入岩的源区，使得源区带有了俯冲带的地球化学特征，这样的源区在碰撞后伸展环境中发生部分熔融，从而形成带有俯冲带地球化学特征的侵入岩。前人研究也显示，尽管高钾钙碱性岩石在俯冲环境下可以形成，但产出于后碰撞环境中的也很普遍，而且产出于碰撞后伸展环境中的岩浆岩有时可以继承早期俯冲带成因岩石的微量元素地球化学特征。

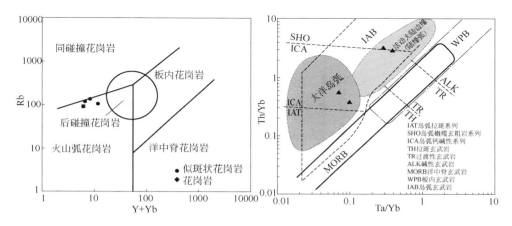

图 7-1　图古日格金矿二叠纪花岗质侵入岩和闪长岩构造环境图解

　　为了区分图古日格金矿的成岩成矿环境究竟是俯冲环境还是碰撞后伸展环境，就需要借助一些岩石组合或者其他一些地质证据。根据岩相学和岩石地球化学特征，图古日格地区的二叠纪侵入岩以闪长岩为主，并有少量花岗质岩石岩。侵入岩的 SiO_2 含量表现出不连续性，集中于酸性和中性两个端元，明显具有双峰式侵入岩的特征。侵入岩的组合特征是和其产出的构造环境相对应的，一般与大洋环境有关的侵入岩组合为洋岛拉斑玄武质辉长岩组合、洋岛碱性玄武质辉长岩组合和 MORS 型蛇绿岩组合，与大洋俯冲有关的侵入岩组合为 SSZ 型蛇绿岩组合、TTG 组合、高闪长岩组合、G_1G_2 组合和花岗岩组合，与碰撞有关的侵入岩组合为强过铝花岗岩组合、高钾和钾玄质花岗岩组合、钾质和超钾质侵入岩组合，与后造山有关的侵入岩组合为过碱性花岗岩-钙碱性花岗岩组合、双峰式侵入岩组合和双峰式岩墙群，与陆内伸展环境有关的侵入岩组合为过碱性-碱性花岗岩组合、双峰式侵入岩组合和双峰式岩墙群。

　　因为图古日格地区的侵入岩明显具有双峰式侵入岩的特征，所以其形成环境可能为造山后伸展环境；图古日格金矿的岩石地球化学数据显示，这些侵入岩都属于高钾钙碱性岩系列（图5-2），而且花岗质岩石的 SiO_2 含量为65%~70.1%，K_2O 含量为3.2%~3.6%，Na_2O 含量为4.6%~5.7%，在 K_2O-Na_2O 图解上（图7-2）落入 I 型花岗岩的区域。在花岗质岩石 R_1-R_2 环境判别图解上（图7-2），图古日格花岗质岩石样品均落入造山晚期区域；图古日格地区的二叠纪侵入岩基本没有经受挤压变形；矿体都是一些宽厚的石英脉，这些都指示图古日格地区二叠纪侵入岩的形成环境可能为造山后伸展环境。

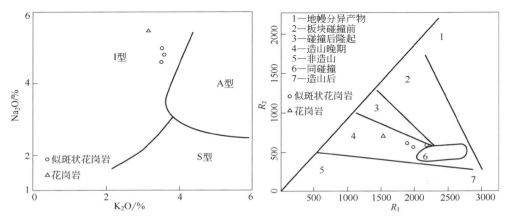

图7-2　图古日格金矿二叠纪花岗质岩石类型和构造环境图解
R_1=4Si-11(Na+K)-2(Fe+Ti)；R_2=6Ca+2Mg+Al

　　除了图古日格地区外，早二叠世双峰式火山岩或侵入岩在整个兴蒙造山带内也分布广泛，如在西部满都拉、中部林西和东部大石寨等地区的大石寨组（290~270Ma）火山岩就显示为双峰式。鲍庆中等认为西乌珠穆沁旗大石寨组双峰式火山岩与裂谷环境有关。Zhang 等认为苏尼特左旗西北部的大石寨组火山岩为双峰式火山岩，且属于高钾钙碱性岩系列。此外，在早二叠世兴蒙造山带内沉积类型多变，海相沉积、陆相沉积和海陆交互相沉积岩系交替出现，组成了同时期不同相的古地理面貌。如内蒙古中部早二叠纪哲斯组和额里图组，前者为滨浅海相碳酸盐-碎屑岩系，后者则为湖相沉积。这些都指示兴蒙造山带在早二叠世处于伸展的构造背景。

　　虽然产出的构造环境为伸展环境，但是图古日格二叠世侵入岩带有一些其他构造背景侵入岩的地球化学特征，如这些侵入岩的钾含量较高，属于钾质侵入岩，花岗岩质岩石的 A/CNK 值为0.99~1.03，A/NK 值为1.29~1.43，在 A/NK-A/CNK 图解（图5-2）上，样品落在准铝质和过铝质交界处。高钾和高铝质含量一般是碰撞环境侵入岩的地球化学特征，图古日格二叠世侵入岩中铝和钾含量偏高的现象可能指示，图古日格地区在早二叠世可能刚刚结束碰撞，正处于由碰撞环境向碰撞后伸展环境转变的构造演化阶段。

综上所述，图古日格金矿及二叠纪侵入岩形成的构造背景是碰撞后伸展环境，虽然侵入岩具有一些俯冲带侵入岩的地球化学特征，但是这些特征只是反映了岩石的岩浆源区受到了俯冲作用的影响，并不能代表其构造背景。

7.3
成矿流体性质及来源

根据来源不同，谭文娟等将成矿流体分为岩浆分异或结晶作用释放的流体、变质脱水-脱挥发分流体、富水沉积物由于构造挤压产生的流体、大气降水流体和地幔排气流体。对于一些金矿床究竟是变质热液成因还是岩浆热液成因的争论一直在继续，随着对造山型金矿的研究，使得对变质成矿流体的认识不断加深，对变质流体的鉴别也成为了成矿流体研究的另一大热点，变质流体成因的金矿床多赋存在古老的沉积变质岩中，成矿流体主要是地层在挤压变质过程中释放出的变质水和挥发分（主要是 CO_2），研究表明变质流体具有中温、低盐度和富 CO_2 特征。

虽然岩浆流体通常以高温、高盐度、高 CO_2 含量为特征，但是随着研究的不断深入，金的气相偏在性以及岩浆热液的蒸气冷却收缩模式的提出，证明了岩浆热液演化过程中也能形成富 CO_2、低盐度的流体，而且陆续发现并证实了这种富 CO_2、低盐度的岩浆成因流体在一些脉状金矿床的形成过程中起到了决定性作用。这就使仅仅利用盐度和 CO_2 含量这一特征来区分金矿是变质流体成因还是岩浆热液成因的方法变得十分不可靠。

研究者通过对与侵入岩有关的热液矿床中富 CO_2 的成矿流体的研究发现，流体中高含量的 CO_2 可能与深部的岩浆作用有关。水在硅酸盐熔体中的溶解度随压力的升高而升高，所以深部自由流体的成分主要是 CO_2 等难溶气体，随着岩浆的不断上侵，压力逐渐减小，水才会不断从硅酸盐熔体中分离出来，慢慢取代 CO_2，成为浅部自由流体中的主要成分。Menzies 等通过对玄武岩中的包体的研究，认为地幔包体中普遍存在大量的 CO_2。所以岩浆热液中的高 CO_2 含量，可能指示成矿热液主要来源于深部，并暗示深部地幔流体的参与。

前文对流体包裹体的研究结果表明，图古日格金矿含矿石英脉中的流体包裹体

以含 CO_2 三相包裹体为主，其次为气液两相水溶液包裹体，此外还含有少量的纯 CO_2 两相包裹体。包裹体的显微测温结果显示，含 CO_2 三相包裹体的盐度主要为 2.0% ~ 5.86% $NaCl_{eqv}$，个别包裹体的盐度较高，甚至能达到 20.58% $NaCl_{eqv}$，完全均一温度变化范围较广，从 168℃ 至 423℃ 均有出现，主要为 228 ~ 330℃。气液两相水溶液包裹体的完全均一温度为 135 ~ 355℃，主要为 198 ~ 258℃，盐度为 1.57% ~ 7.02% $NaCl_{eqv}$，主要为 4.18% ~ 6.88% $NaCl_{eqv}$。图古日格金矿石英脉的同一视域中，经常见有气相充填度变化很大（从 ≤5% 到 >70%）的 CO_2 三相包裹体，纯 CO_2 包裹体和气液水包裹体等不同类型的包裹体共生，且岩相学观察表明它们是同期次捕获的原生包裹体，而且共生的气液水包裹体（Ⅱ类）和 CO_2 三相包裹体（Ⅰ类）的均一温度相近，气液水包裹体（Ⅱ类）的盐度比 CO_2 三相包裹体（Ⅰ类）高（图 6-2 和图 6-3），且差别较大，指示了图古日格矿床形成时的成矿流体可能并不均一，可能正在发生沸腾作用。流体的不均一性可能导致包裹体的温度和盐度数据出现偏差，但是这些数据也具有一定的指示意义，所以图古日格金矿的成矿流体是中高温、中低盐度的流体。

前文对氢氧同位素的分析测试结果表明，石英的 $\delta^{18}O$ 石英实测值为 10.1‰ ~ 14.9‰，平均为 12.6‰，利用公式 $1000\ln\alpha$ 石英-水 ≈ $\delta^{18}O$ 石英 - $\delta^{18}O$ 水 和流体包裹体测温得到的均一温度数据，计算出图古日格金矿床成矿流体的 $\delta^{18}O$ 水值为 1.1‰ ~ 6.9‰，平均值为 4.5‰。包裹体中水的 δD_{V-SMOW} 实测值为 -108.8‰ ~ -87.4‰，平均值为 -99.1‰。包裹体气相色谱分析显示，成矿流体中几乎不含 CH_4，所以包裹体中水的 δD 实测值可以用来代表成矿流体中的 δD 值。

对氢氧同位素来说，由于它们本身的原子质量不大，所以不同核素之间的质量差异就不能被忽视，使得氢氧同位素容易发生重力分馏作用，H 和 ^{16}O 等轻核素倾向于富集在气相流体中，这就造成了气相流体冷却形成的成矿流体中的 δD 水和 $\delta^{18}O$ 水值相对偏小，而且随着搬运距离的增加，流体中的 H 和 ^{16}O 等轻核素就会越来越富集，而 D 和 ^{18}O 等重核素就会变得相对亏损。在投图上 δD 水-$\delta^{18}O$ 水图解中（图 6-4），图古日格金矿的 13 件石英样品点落在岩浆水范围左下方靠近岩浆水的区域，指示成矿流体可能主要为岩浆水，成矿流体比原始岩浆水富集 H 和 ^{16}O 等轻核素，而亏损 D 和 ^{18}O 等重核素，可能说明成矿流体在形成过程中经历了卤水相和蒸气相的不混溶分离作用，成矿流体是气相流体经过长距离的搬运后冷却形成的，同时可能伴随有亏损 $\delta^{18}O$ 的地幔物质参与或岩浆水和大气降水的混合作用。

包裹体的显微测温结果显示，含 CO_2 三相包裹体的初溶温度主要为 -58.6 ~ -57.0℃（略低于三相点 -56.6），指示其气相可能主要成分为 CO_2，同时含有少量其他气体，纯 CO_2 两相包裹体的初溶温度主要为 -58.7 ~ -57.1℃，也指示其主要成分为 CO_2。气相色谱分析指示图古日格石英脉流体包裹体中的主要气体组成为 CO_2、

H_2O 和 N_2，其次为 O_2 和 CO，基本不含 CH_4、C_2H_2、C_2H_4 和 C_2H_6。这种岩浆热液中的高 CO_2 含量，可能指示成矿热液主要来源于深部，并暗示深部地幔流体的参与。离子色谱分析结果表明图古日格石英脉流体包裹体中的离子组成主要为 Ca^{2+}、Na^+、SO_4^{2-}、和 Cl^-，其次为 Mg^{2+}、F^-、NO_2^- 和 NO_3^-，流体包裹体成分分析结果表明，图古日格金矿床的成矿流体富含 CO_2 的 $NaCl+CaCl_2+CO_2+H_2O$ 体系。

图古日格金矿黄铁矿中 S 和 Fe 含量都低于理论值，Au 含量要比 Ag 含量高，且含有较多的 Co，其次是 Ni，基本不含 As，指示成矿温度可能偏高，也说明成矿流体是岩浆热液成因的，且经历了蒸气-卤水相分离，而大气水的参与则较少。同时，成矿流体中含有较多的 Co 和 Ni，指示成矿流体具有幔源的性质。

综上所述，图古日格金矿的成矿流体是含有 O_2 和 SO_4^{2-} 的中高温、中低盐度的 $NaCl+CaCl_2+CO_2+H_2O$ 流体，这种流体主要源于深部岩浆热液，同时可能伴随有地幔流体参与或岩浆水和大气降水的混合作用。

7.4
物质来源

7.4.1
成岩成矿物质来源

通过前文对图古日格二叠纪侵入岩 Sr-Nd 同位素的描述和讨论可知，图古日格二叠纪侵入岩的 $(^{87}Sr/^{86}Sr)_i$=0.70629 ~ 0.70799，在 $(^{87}Sr/^{86}Sr)_i$-t 图解上（图 5-5）上，基本上都落入 MC 型壳幔混合的范围内。图古日格二叠纪侵入岩的 $\varepsilon_{Nd}(t)$ 值为 –6.6 ~ –3.8，明显高于区域范围内各古老地层的 $\varepsilon_{Nd}(t)$ 值，表明这些侵入岩不会是晚太古代、元古代古老基底物质直接熔融的产物，而是应该有更年轻的物质或者地幔组分的参与。在 $\varepsilon_{Nd}(t)$-$(^{87}Sr/^{86}Sr)_i$ 图解上（图 5-6），侵入岩样品落在主地幔趋势线范围附近，明显远离地壳的同位素范围，指示图古日格金矿区二叠纪侵入岩可能主要来自亏损地幔，虽然受到了古老地壳物质混染，但是地幔物质仍然起了主导的作用。

在图古日格金矿矿石铅和侵入岩初始铅 $^{207}Pb/^{204}Pb$-$^{206}Pb/^{204}Pb$ 和 $^{208}Pb/^{204}Pb$-$^{206}Pb/^{204}Pb$ 构造演化图解上（图 5-9），方铅矿和侵入岩的初始铅同位素数据点主要集中在造山带增长曲线附近，指示图古日格金矿的侵入岩和矿石中的铅主要为混合来源。在 $^{207}Pb/^{204}Pb$-$^{206}Pb/^{204}Pb$ 构造演化图解上数据点主要集中在造山带增长曲线和地幔增长曲线之间,指示了地幔物质的参与,在 $^{208}Pb/^{204}Pb$-$^{206}Pb/^{204}Pb$ 构造演化图解上数据点主要集中在造山带增长曲线和下地壳增长曲线之间,可能指示了下地壳物质的参与。

岩石地球化学数据表明,图古日格金矿矿区内的二叠纪花岗质岩石属于高钾钙碱性的 I 型花岗岩,据 Roberts 等的观点,这类花岗岩类主要是由安山质熔体形成,反映了壳幔混合作用。图古日格金矿矿区内的二叠纪花岗质岩石的 Sr 含量为(525~709)×10^{-6},Yb 含量为 0.262-0.531×10^{-6},具有高的 Sr、Ba 和 *LREE* 含量,低的 Nb、Ta、Y、Yb 和 *HREE* 含量,以及高的 Sr/Y 比值,属于高 Sr 低 Yb 型花岗岩(Sr＞400×10^{-6},Yb＜2×10^{-6}),张旗等指出这种高 Sr 低 Yb 型花岗岩主要受花岗岩熔融源区深度的控制,暗示源区有石榴子石的残留,说明其形成深度可能大于 50km,具有深源特征。似斑状花岗岩样品 TGY-12 中 5 测点(锆石核部)的年龄为(1675±18)Ma,显示锆石中含有继承核,从另一侧面反映了岩浆中含有基底成分。

流体包裹体的研究表明,该矿床的成矿流体主要来自于岩浆热液,且含有较多的 CO_2,指示其可能与深部的岩浆作用有关。一般深部自由流体的成分主要是 CO_2 等难溶气体,Menzies 等通过对玄武岩中的包体的研究,认为地幔包体中普遍存在大量的 CO_2,所以岩浆热液中的高 CO_2 含量,可能指示成矿热液主要来源于深部,并暗示深部地幔流体的参与。

图古日格金矿黄铁矿中的 Fe 含量低于理论值,而含有较多的 Co 和 Ni,说明在黄铁矿形成过程中可能发生了 Co、Ni 与 Fe 的类质同象,也说明成矿流体中含有较多的 Co 和 Ni,指示成矿流体具有幔源的性质,另外,图古日格金矿黄铁矿 Re-Os 同位素的研究结果表明,黄铁矿的初始 Os 同位素比值为 1.26 ± 0.69,指示其具有壳源的特征。

根据上述图古日格金矿中二叠纪侵入岩的地球化学特征、Sr-Nd-Pb 同位素特征、矿石中的流体包裹体特征、黄铁矿的标型特征和 Re-Os 同位素特征,笔者认为图古日格金矿的成岩成矿物质具有壳幔混合来源的特征,主要来自亏损地幔,虽然有古老地壳物质混染的影响,地幔物质仍然起了主导的作用。

前人研究表明,除了一些古老微陆块上的花岗岩具有负的 $\varepsilon_{Nd}(t)$ 值和较老的 Nd 模式年龄外,兴蒙造山带内的显生宙花岗岩普遍具有正的 $\varepsilon_{Nd}(t)$ 值和较年轻的 Nd 模式年龄,指示其主要来自亏损地幔,而且其成岩物质刚从亏损地幔中分异出来不久,但是兴蒙造山带内的花岗岩体积巨大,很难从亏损地幔中直接演化而来。为了解决这个矛盾,地质学家把这些"幔源"花岗岩的源区解释为从亏损地幔中演化而来的新生地壳,并认为晚古生代-中生代花岗岩的岩浆是由 600~800Ma 前洋壳俯冲形成的年轻地壳经过部分熔融形成的。古老微陆块上的具有负 $\varepsilon_{Nd}(t)$ 值和较老 Nd

模式年龄的花岗岩则被解释为，这种岩浆活动受到古老地壳物质混染的结果。这种花岗岩的 $\varepsilon_{Nd}(t)$ 值和 Nd 模式年龄值变化范围较广，主要取决于古老地壳物质的时代和加入量，通常古老地壳物质自身的时代越老，混染的比例越大，则形成的花岗岩的 $\varepsilon_{Nd}(t)$ 值越低，二阶段 Nd 模式年龄值越大。即便如此，这些花岗岩的 $\varepsilon_{Nd}(t)$ 还是相对较高，Nd 模式年龄值相对较低，说明即使受到了古老地壳物质混染，但是地幔物质仍然起了主导的作用。

图古日格金矿矿区内的二叠纪侵入岩的形成模式可能也是上述的形成模式，即成岩物质主要来自洋壳俯冲过程形成的年轻地壳，这种年轻地壳主要来自亏损地幔，年轻地壳部分熔融形成的岩浆受到了古老地壳物质的混染，因混染程度的不同，形成了具有不同化学特征的侵入岩。基性侵入岩受到的混染程度较小，所以偏基性，铝含量相对较低，$\varepsilon_{Nd}(t)$ 值相对较高，Nd 模式年龄相对较小，Sr 同位素初始比值相对偏低（图 5-6，表 5-2）。花岗质岩石受到的混染程度较大，所以偏酸性，铝含量相对较高，$\varepsilon_{Nd}(t)$ 值相对较低，Nd 模式年龄相对较大，Sr 同位素初始比值相对偏高（图 5-6，表 5-2）。正是由于源岩受到了俯冲作用的影响，所以图古日格二叠纪侵入岩表现出了俯冲带侵入岩的地球化学特征，由于受洋壳脱水的影响，所以形成闪长岩的基性岩浆中才具有高的含水量。

综上所述，图古日格金矿的成岩成矿物质具有深源的特征，主要来自由亏损地幔形成的新生下地壳，并受到了不同程度的古老地壳物质混染。成岩过程为：俯冲背景下，在古老微地块底部形成了亏损地幔来源的新生下地壳，新生地壳在之后的构造活动中发生部分熔融，部分熔融形成的岩浆受到了古老地壳物质的混染，因混染程度的不同，形成了具有不同化学特征的侵入岩，通常基性侵入岩受到的混染程度较小，而花岗质岩石受到的混染程度较大。

7.4.2

成矿流体中硫的来源

在平衡条件下，重硫同位素倾向于富集在具有较强硫键的化合物中，即由高价到低价，$\delta^{34}S$ 依次降低，因此，各种含硫原子团中 ^{34}S 富集的顺序为：$SO_4^{2-} \approx HSO^{1-} > SO_3^{2-} > SO_2 > S_x \approx H_2S \approx HS^- > S^{2-}$。价态幅度变化越大，温度越低，同位素分馏效应越强。氧化还原反应特别是细菌氧化还原反应也可能造成硫同位素的分馏，还原作用使得较轻的硫聚集在硫化物中，而氧化作用使重的硫同位素聚集在重新形成的氧化物中。天然开放体系中，硫酸盐还原成天然硫化物，其 ^{32}S 富集可达 $\delta^{34}S=-62‰$。

图古日格中黄铁矿的硫同位素 $\delta^{34}S_{CDT}$ 值为（ $-7.5 \sim -3.5$ ）‰，平均值为 -5.88‰，方铅矿的硫同位素 $\delta^{34}S_{CDT}$ 值为（ $0.3 \sim 6.1$ ）‰，平均值为 2.3‰，硫同位素数据和图解显示（图 5-7），图古日格黄铁矿中的硫同位素和其他地质体的硫同位素相差较大，所以黄铁矿中的硫可能不是直接来自于矿区范围内的任何地质体。矿区内与黄铁矿的硫同位素相差较小的地质体是侵入岩，所以黄铁矿中的硫元素可能是从岩浆热液中经过硫同位素的分馏作用演化而来的。当然，也不排除外来流体携带的硫的加入。

图古日格流体包裹体的研究表明，其成矿流体中含有 O_2 和 SO_4^{2-} ，说明矿床形成时所处的环境为氧化环境，可能发生了氧化作用，在氧化作用过程中可能发生了硫同位素的分馏，使得硫化物发生了重硫的亏损，造成了黄铁矿中的硫同位素 $\delta^{34}S_{CDT}$ 减低至目前的值。当含硫矿物由一个统一的流体相沉淀出现时，在平衡条件下共生矿物间的硫同位素组成会出现小的差异。氧化态强烈富集 ^{34}S ，还原态硫化物间也存在相当明显的分馏，低温环境分馏更强烈。^{34}S 富集顺序：硫酸盐 ≫ 辉钼矿>黄铁矿>闪锌矿>磁黄铁矿>黄铜矿>方铅矿>辉铜矿>辉银矿>辰砂。但是图古日格金矿中的方铅矿的 $\delta^{34}S_{CDT}$ 值比黄铁矿的高，这可能说明了它们不是同一成矿期的产物，间接地指示了图古日格金矿成矿的多期性。

7.4.3
成矿流体中铅的来源

图古日格金矿方铅矿的 $^{206}Pb/^{204}Pb$ 为 $18.11 \sim 18.178$ ， $^{207}Pb/^{204}Pb$ 为 $15.567 \sim 15.604$ ， $^{208}Pb/^{204}Pb$ 为 $38.185 \sim 38.339$ 。由于方铅矿中普通铅含量较多，而 U 和 Th 含量较少，所以放射性成因铅所占的比例就较少，方铅矿中现今的铅同位素组成可以代表其形成时候的铅同位素组成。而侵入岩和地层样品在矿床形成时的铅同位素组成，不能直接使用现今的铅同位素组成代替，而是应该利用侵入岩和地层样品的微量元素 U-Th-Pb 分析结果和成矿年龄（264Ma）对其进行年龄校正。把校正后的结果与方铅矿的铅同位素进行对比可知，方铅矿的铅同位素组成介于地层和二叠纪侵入岩之间，通过铅同位素统计直方图（图 5-8）可以看出，图古日格金矿中方铅矿的铅同位素组成与侵入岩的铅同位素组成比较相近，指示图古日格金矿的铅元素可能主要来自二叠纪岩浆热液，并受到了少量的地层混染。

7.5
矿床成因类型

对于图古日格金矿的成因，前人根据矿床的某些地质特征、地球化学特征、流体包裹体特征和少量的硫同位素数据，通过分析最后把该矿床归为了造山型金矿。但是由于受资料和数据量不足的限制，所以前人对该矿床成因类型的认识可能有一些局限性。笔者通过详细的资料收集、系统的分析测试和研究工作，对该矿床的成因类型有了一些新的认识，认为图古日格金矿床的形成与花岗质岩浆活动密切相关。

① 如前文所述，锆石 U-Pb、黄铁矿 Re-Os 和绢云母 Ar-Ar 等测年结果以及矿体产出特征等说明，图古日格金矿的矿体和矿区内的似斑状花岗岩具有紧密的时间和空间耦合关系。

② 矿体通常呈厚（1.21 ~ 3.66m）石英脉的形式产出，以及侵入岩组合特征和岩石地球化学特征说明，矿床形成时图古日格地区所处的构造背景为碰撞后伸展环境，并不是挤压造山环境。

③ 流体包裹体特征、氢氧同位素特征以及黄铁矿标型特征等，指示图古日格金矿的成矿流体主要源于深部岩浆热液。深部来源的岩浆热液经过相分离和蒸气冷却收缩模式也可以形成富 CO_2 和中低盐度的流体。

④ S 和 Pb 同位素指示，图古日格金矿的成矿物质主要来自二叠纪岩浆热液。

⑤ 图古日格金矿的矿石和矿体在浅部主要是石英脉型，但是在深部则主要是蚀变岩型，蚀变岩型矿石主要为蚀变似斑状花岗岩。

⑥ 图古日格金矿的蚀变类型以及金矿物组合等和其他岩浆热液型金矿床相类似。

综上所述，图古日格金矿床的形成与花岗质岩浆活动密切相关。

7.6
成矿动力学

7.6.1
岩浆热液的来源

通过前文的论述可知，图古日格金矿的矿体和矿区内的似斑状花岗岩具有密切的成因联系，成矿流体和成矿物质主要来自岩浆热液，但是这种说法并不全面，还存在一些问题需要解释，如：

① 虽然通常认为，岩浆在上侵和演化过程中，通过结晶分异作用，或者因为温度和压力等物理化学条件的改变，岩浆中的水和其他挥发分会逐渐达到饱和，继而分离冷却形成岩浆热液。但是大量研究表明，岩浆中的水含量是有限的，特别是对于浅成和超浅成的中酸性岩浆来说，其含水量通常小于 3%。图古日格矿区内的似斑状花岗岩的岩体规模相对较小，而作为矿体的厚石英脉则数量多，规模大，所以仅靠似斑状花岗岩演化分异过程中产生的成矿流体不太可能能够满足成矿的需要。

② 图古日格金矿中的矿体，不但切穿其他地质体，也切穿了似斑状花岗岩，指示成矿作用的时间要稍晚于似斑状花岗岩的结晶时间。

对此，笔者认为图古日格金矿的成矿流体与矿区内的似斑状花岗岩是"兄弟"关系，而不是"母子"关系，即岩浆热液（成矿流体）和似斑状花岗岩一样，都来自于深部岩浆房，深部岩浆房规模大，持续时间长，早期岩浆房中的部分岩浆上侵，形成似斑状花岗岩，后期，岩浆房中分异演化形成的大量岩浆热液再次上侵，侵入到似斑状花岗岩和其他地质体中。图古日格金矿的矿床地质特征和同位素测年数据也支持这个观点，TGY-12 和 TG14-38 两件似斑状花岗岩样品给出的该岩体的结晶时代分别为（275.8±1.5）Ma 和（264.5±1.4）Ma，说明深部岩浆活动持续时间较长，活动具有多期次性；花岗岩和似斑状花岗岩可能是同一岩浆经过岩浆的扩散分异作用，演化形成的一个复式岩体，显示该岩体经历了较长时间的演化过程；黄铁矿 Re-Os 年龄和绢云母 Ar-Ar 年龄指示了图古日格金矿床的成矿年龄为 268～259Ma，稍稍晚于似斑状花岗岩的结晶年龄。

综上所述，图古日格金矿的成矿流体与矿区内的似斑状花岗岩是"兄弟"关系，而不是"母子"关系，即岩浆热液（成矿流体）和似斑状花岗岩一样，都来自于深部岩浆房。

7.6.2
金的运移和沉淀机制

金的常见氧化态主要为 Au^+ 和 Au^{3+}，研究及实验表明，其在成矿流体中主要以硫氢络合物[$Au(HS)^0$、$Au(HS)_2^-$]、氯化物络合物[$AuCl_2^-$、$AuCl^-$]、羟基络合物[$Au(OH)_2^-$]、氯-羟基络合物[$AuCl(OH)^-$]或胶体金[Au^0]的形式进行运移。实际的迁移形式主要由氯及硫的浓度、氧化还原条件、酸碱度和温度等条件所决定。一般情况下，在温度高、氯含量高和氧化条件下，金倾向于以氯络合物的形式运移，在中低温、硫含量高和还原条件下，金倾向于以硫氢络合物的形式运移。

图古日格石英脉流体包裹体的气相色谱和离子色谱分析结果表明，成矿流体中的气体组成主要为 CO_2、H_2O 和 N_2，其次为 O_2 和 CO，离子组成主要为 Ca^{2+}、Na^+ 和 SO_4^{2-}，其次为 Cl^-、Mg^{2+}、F^-、NO_2^- 和 NO_3^-。成矿流体中不含 S^{2-}，而含有较多的 SO_4^{2-}，但是该矿床的金属矿物主要是一些硫化物，因为 O_2 的存在说明矿床形成时成矿流体处于氧化的状态，所以硫化物中 S^{2-} 的来源不太可能是成矿流体中 SO_4^{2-} 经过还原作用形成的，而应该是成矿流体中本来就含有 S^{2-} 或者 HS^-，即成矿流体在早期含有 S^{2-} 或者 HS^-，处于还原的环境，后期由于 O_2 的加入，变成了氧化状态，流体中的 S^{2-} 或者 HS^- 被氧化成了 SO_4^{2-}。稀土元素通常都以+3 价的形式存在，而铈除了+3 价之外，还可以以+2 价的形式存在，+2 价的铈可以与 Ca^{2+} 发生类质同象而进入含钙矿物，从而造成侵入岩中铈含量的异常，发生这种类质同象的一个前提就是+3 价的铈要被还原成+2 价，所以以侵入岩中铈含量的异常可以用来指示还原环境。图古日格金矿中的似斑状花岗岩和花岗岩分别表现出了铈含量的负异常和正异常，指示岩浆演化时可能处于还原的状态下。所以图古日格金矿的成矿流体在早期运移过程中处于高硫含量的还原条件下，Au 的运移形式可能主要为硫氢络合物[$Au(HS)^0$、$Au(HS)^{2-}$]。

由前文对流体包裹体的研究可知，图古日格金矿的成矿流体在成矿阶段发生了沸腾作用，沸腾作用可能是因为成矿流体上升到浅部或流入开放空间时由于压力的骤然降低所引起的，压力的减低使流体中 CO_2 等气体成分因溶解度降低而被排出，继而引发了沸腾作用。CO_2 等气体成分的存在对促进流体的相分离、稳定流体的 pH 值、维持络合物的稳定性和提高流体中 Au 的含量等方面具有重要作用。所以沸腾排气作用，一方面可以降低 Au 的溶解度，另一方面可以改变流体的物理化学性质（pH 值、CO_2 含量等），继而降低含 Au 络合物的稳定性，使之发生分解，诱发金的沉淀。

图古日格金矿的成矿流体在活动后期因为 O_2 的加入而发生了氧化作用，破坏了硫氢络合物[$Au(HS)^0$、$Au(HS)^{2-}$]的稳定性，使之发生分解，一方面诱发了金的沉淀，另一方面释放出了硫，少部分被释放出的硫与金属元素形成了硫化物沉淀，其余的硫都被氧化成了 SO_4^{2-} 的形式。

综上所述，图古日格金矿成矿流体中的金主要是以硫氢络合物[$Au(HS)^0$、$Au(HS)^{2-}$]的形式被运移的。沸腾减压和氧化作用是金沉淀的主要机制。

7.6.3
成矿过程及模型

基于前文对图古日格金矿矿床地质特征、成岩成矿时代、矿床地球化学特征和流体包裹体特征的分析测试，以及对该矿床成因、成矿背景、成岩成矿物质来源和成矿动力学的研究和认识，结合兴蒙造山带的区域地质背景，本节总结出了该矿床的成矿过程和成矿模型（图 7-3）。

① 新元古代至早古生代，古亚洲洋向南俯冲，古老微陆块底部形成亏损地幔来源的新生下地壳，受洋壳脱水和俯冲的影响，新生地壳物质含水量较高，并带有俯冲环境的部分地球化学特征。随后该区域经历了古亚洲洋闭合，华北板块、西伯利亚板块以及它们之间微陆块的相互碰撞拼合。

② 早二叠世，该区域进入碰撞后伸展阶段，受地幔上隆和幔源流体活动的影响，新生地壳在拉伸体制下发生部分熔融，部分熔融形成的岩浆在上侵过程中受到不同程度的古老地壳物质的混染。当部分熔融程度高且受古老地壳物质混染程度较低时，则形成含有较多水分的基性岩浆，这种岩浆上侵形成闪长岩，由于物质成分和结晶条件非常适合角闪石的结晶析出，发生了角闪石的堆晶作用形成了角闪石岩。当熔融程度低且受古老地壳物质混染程度较高时，形成花岗质岩浆。

③ 深部花岗质岩浆房中的部分岩浆上侵，形成似斑状花岗岩和少量花岗岩（图 7-1）。

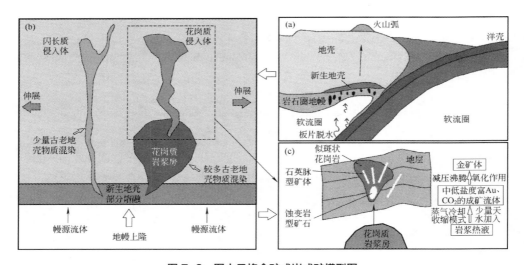

图 7-3　图古日格金矿成岩成矿模型图

④ 深部花岗质岩浆房分异演化形成大量岩浆热液，当发生熔体-流体相分离时，由于气相偏在性，Fe、Au、Cu、Ag 等几乎所有成矿金属元素均会优先进入流体相。随着温度的降低，热液体系发生蒸气-卤水相分离时，Au、Sb、Te、Bi 等元素通常以 HS-络合物的形式优先进入蒸气相，而 Fe、Zn、Na、K、Pb、Mn、Ag、Cs、Sn 等元素以 Cl 离子络合物的形式优先进入卤水相。由于气相流体的密度低，

所以富含 H_2O、CO_2 和 H_2S 等挥发分和 Au 等成矿元素的蒸气相流体，容易沿裂隙或早期岩浆通道上升侵位至先形成的似斑状花岗岩或其他围岩中，并冷却形成富 Au、低盐度、富 CO_2 的含矿流体。

⑤ 含矿流体上升到浅部，或由韧性变形区上升到脆性变形区时，由于减压作用发生沸腾，CO_2 等气体成分被排出，一方面降低了流体中 Au 的溶解度，另一方面改变了流体的物理化学性质（pH 值等），降低含 Au 络合物的稳定性，使之发生分解，诱发金的沉淀。同时，由于 O_2 的加入，使流体发生氧化作用，破坏了硫氢络合物[$Au(HS)^0$、$Au(HS)_2^-$]的稳定性，使之发生分解，一方面诱发了金的沉淀，另一方面释放出了硫，少部分被释放出的硫与金属元素形成了硫化物沉淀，其余的硫都被氧化成了 SO_4^{2-} 的形式。

Chapter 8

第八章

区域成矿意义

- 8.1　兴蒙造山带早二叠世构造背景
- 8.2　兴蒙造山带二叠纪金成矿作用

8.1
兴蒙造山带早二叠世构造背景

兴蒙造山带位于华北板块和西伯利亚板块之间，属中亚巨型造山带的东段，对这一造山带的研究不仅是解决中亚造山带构造演化的关键，也是深化全球板块构造演化机制的关键。但是，关于兴蒙造山带及邻区的构造格局以及各个演化阶段的具体时限的认识一直存在较大争议，存在多个重要问题尚待解决。

兴蒙造山带在二叠纪时期所处的构造演化阶段，目前还没有统一的看法，争论的焦点主要集中在华北板块、西伯利亚板块以及它们之间的微陆块最后碰撞缝合的时间，也就是古亚洲洋或其他形式的大洋向华北板块和西伯利亚板块结束俯冲、闭合的时间还存在分歧。一种观点认为，古亚洲洋闭合时间为晚泥盆世末-早石炭世末，之后该地区进入了碰撞以及接下来后碰撞构造演化阶段；另一观点则认为闭合时间在晚二叠世至早三叠世。

本节通过对图古日格矿区内二叠纪侵入岩的组合特征、岩石地球化学以及同位素地球化学研究，认为该地区在二叠纪所处的构造环境是碰撞后伸展环境，虽然侵入岩具有一些俯冲带侵入岩的地球化学特征，但是这些特征只是反映了岩石的岩浆源区受到了俯冲作用的影响，并不能代表其构造背景。除了图古日格地区外，早二叠世双峰式火山岩或侵入岩在整个兴蒙造山带内也分布广泛，如在西部满都拉、中部林西和东部大石寨等地区的大石寨组（290～270Ma）火山岩就显示为双峰式。鲍庆中等认为西乌珠穆沁旗大石寨组双峰式火山岩与裂谷环境有关。Zhang等认为苏尼特左旗西北部的大石寨组火山岩为双峰式火山岩，且属于高钾钙碱性岩系列。此外，在早二叠纪兴蒙造山带内沉积类型多变，海相沉积、陆相沉积和海陆交互相沉积岩系交替出现，组成了同时期不同相的古地理面貌。如内蒙古中部早二叠世哲斯组和额里图组，前者为滨浅海相碳酸盐-碎屑岩系，后者则为湖相沉积。这些都指示兴蒙造山带在早二叠世处于伸展的构造背景。

综上所述，兴蒙造山带在二叠纪所处的构造环境是碰撞后伸展环境，支持古亚洲洋闭合时间为晚泥盆世末-早石炭世末的观点。

8.2
兴蒙造山带二叠纪金成矿作用

近年来，在中亚造山带内发现了多个二叠纪大型金矿床，其中具有代表性的有图古日格（268Ma）、浩尧尔忽洞（又名长山壕，270Ma）、毕立赫（272Ma）、朱拉扎嘎（280Ma）、穆龙套（Muruntau，275Ma）、库姆托尔（Kumtor，284Ma）、米坦（Zarmitan，269Ma）金矿床。这样一些大型金矿床的产出，使得兴蒙造山带，乃至整个中亚造山带成为了一个重要的金成矿带，显示了良好的找矿前景，同时，也可能指示了一个二叠纪金成矿事件。

　　穆龙套超大型金矿床（5400t，3.4g/t）主要产出在黑色片岩中，并受断裂带控制。Kotov 和 Poritskaya 提出该矿床是世界上最大的岩浆热液型金矿床，虽然在 Groves 等人提出造山型金矿这一概念后很多学者把它看作是造山型金矿，认为它们的矿化是同变质的，成矿流体是与造山作用有关的变质流体，但是该矿床的成矿年龄是（287.5±1.7）Ma，与后碰撞花岗岩类岩浆活动的时间相吻合，而且 Re-Os 和 Sm-Nd 同位素的研究也指示了地幔起源组分的参与，这些都表明该矿床的形成与二叠纪花岗岩类岩浆活动密切相关。

　　库姆托尔金矿床（550t，2~6g/t）产出在变质沉积岩中，该矿床的主成矿期的年龄约为 280Ma，矿区内的花岗岩侵入体的年龄为 274~287Ma，Mao 给出的该矿床的形成年龄为（288.4±6）Ma，同时指出该矿床的矿化与二叠纪后碰撞花岗岩类侵入活动密切相关。

　　米坦（10Moz，9.8~14.6g/t）金矿床的矿化与花岗岩类密切相关，主要分布在花岗岩内的石英窄脉中，部分分布在被花岗岩侵入的沉积岩中，成矿年龄约为 269Ma，所以该矿床与海西晚期的花岗岩类侵入活动也密切相关。

　　浩尧尔忽洞金矿床是华北地台北缘的一个大型金矿床，产出在黑色片岩中，矿床储量为 148t，平均品位为 0.62g/t，矿区内黑云二长花岗岩的成岩年龄为（277±3）Ma，花岗岩类的成岩年龄为 268~290Ma，该矿床矿石的黑云母氩氩年龄为（270.1±2.5）Ma。Wang 等在这些年龄数据的基础上，通过氢氧、碳和硫同位素的研究，最后提出浩尧尔忽洞金矿床的形成与海西期构造岩浆活动以及随后的热液活动事件密切相关，并且提出区域内产出在黑色片岩中的金矿床都与海西期后碰撞岩浆热液活动存在密切的成因联系。

　　毕立赫金矿床是一个斑岩型金矿床，矿化多赋存在花岗闪长斑岩及上覆火山岩与火山碎屑岩接触带中，辉钼矿铼锇同位素定年结果指示该矿床的成矿年龄为（272.7±1.6）Ma，而该矿床含金花岗闪长斑岩的成岩年龄为（283.8±4.2）~（279.9±6.8）Ma，成矿和成岩年龄较为相近，反映出毕立赫金矿床的形成与二叠纪岩浆活动密切相关。

　　朱拉扎嘎金矿床产出在变质沉积岩中，矿床规模为 50t，平均品位为 4g/t，硫铅同位素的研究表明，该矿床硫和铅的来源都主要与岩浆活动有关。该矿床流体包裹体的均一温度和盐度也指示了含矿流体具有岩浆起源的特征，同时氢氧同位素的特征指示了成矿流体具有天水和岩浆水混合的特征。该矿床同矿化花岗斑岩的成岩年龄为（280±6）Ma，后矿化闪长玢岩的成岩年龄为（279.7±5.2）Ma，该矿床的成矿年龄为275～280Ma。Ding等对该矿床成因类型进行了综合研究，给出了该矿床的成矿模型，认为该矿床也是一个与后碰撞岩浆活动有关的二叠纪金矿床。

　　本研究通过对图古日格金矿矿床地质特征、成岩成矿时代、矿床地球化学特征和流体包裹体特征的分析测试，以及对该矿床矿床成因、成矿背景、成岩成矿物质来源和成矿动力学的研究和探讨，认为图古日格金矿床是一个产出在伸展背景下的，与二叠纪花岗斑岩有关的岩浆热液型金矿床。通过该矿床以及与中亚造山带上其他同时期金矿床的矿床地质特征对比可以看出，这些产出在中亚造山带上的二叠纪金矿床，尽管产出位置和赋存形式存在明显的差异，但是它们都和海西晚期花岗岩类岩浆侵入活动以及伴随的热液活动存在明显的成因联系，即使是产出沉积岩中，也可以被认作是岩浆热液活动远端的产物。所以兴蒙造山带乃至整个中亚造山带，可能在二叠纪发育有一次与伸展背景下花岗质岩浆活动相关的金成矿事件，找矿潜力巨大。

参考文献

[1] 安芳, 朱永峰. 热液金矿成矿作用地球化学研究综述[J]. 矿床地质, 2011, 30(5): 799-814.

[2] 鲍庆中, 张长健, 吴之理, 等. 内蒙古东南部西乌珠穆沁旗地区石炭纪-二叠纪岩石地层和层序地层[J]. 地质通报, 2006, 25(5): 572-579.

[3] 蔡明海, 彭振安, 屈文俊, 等. 内蒙古乌拉特后旗查干德尔斯钼矿床地质特征及 Re-Os 测年[J]. 矿床地质, 2011, 30(3): 377-384.

[4] 蔡明海, 张志刚, 屈文俊, 等. 内蒙古乌拉特后旗查干花钼矿床地质特征及 Re-Os 测年[J]. 地球学报, 2011, 32(1): 64 - 68.

[5] 曹海清, 翁立猛, 夏庆贺, 等. 巴音杭盖金矿成因分析[J]. 矿业工程, 2008, 6(1): 11-13.

[6] 陈文, 张彦, 张岳桥, 等. 青藏高原东南缘晚新生代幕式抬升作用的 Ar-Ar 热年代学证据[J]. 岩石学报,2006, 22(4): 867-872.

[7] 陈祥, 肖力, 柯真奎, 等. 内蒙古巴音杭盖金矿床稳定同位素研究[J]. 内蒙古地质, 2001, 2: 1-6.

[8] 陈衍景, 倪培, 范宏瑞, 等. 不同类型热液金矿系统的流体包裹体特征[J]. 岩石学报, 2007, 23(9): 2085-2108.

[9] 陈衍景, 翟明国, 蒋少涌. 华北大陆边缘造山过程与成矿研究的重要进展和问题[J]. 岩石学报, 2009, 25(11): 2695-2726.

[10] 邓晋福, 刘翠, 冯艳芳, 等. 关于火成岩常用图解的正确使用: 讨论与建议[J]. 地质论评, 2015, 61(4): 717-734.

[11] 邓晋福, 肖庆辉, 苏尚国, 等. 火成岩组合与构造环境: 讨论[J]. 高校地质学报, 2007, 13(3): 392-402.

[12] 邓军, 孙忠实. 成矿流体运动系统与金质来源和富集机制讨论[J]. 地质科技情报, 2000, 19(1): 41-45.

[13] 窦仕臻, 温纪如, 康霞. 关于幔源 CO_2 对金富集成矿作用问题的探讨[J]. 甘肃科技, 2010, 26(16): 71-73.

[14] 杜安道, 屈文俊, 李超, 等. 铼-锇同位素定年方法及分析测试技术的进展[J]. 岩矿测试, 2009, 28(3): 288-304.

[15] 范裕, 周涛发, 袁峰, 等. 新疆西准噶尔地区塔斯特岩体锆石 LA-ICP-MS 年龄及其意义[J]. 岩石学报, 2007, 23(8): 1901-1908.

[16] 付乐兵. 华北克拉通北缘赤峰—朝阳地区中生代构造岩浆演化与金成矿[D]. 武汉: 中国地质大学, 2012.

[17] 葛良胜, 邓军, 杨立强, 等. 中国金矿床:基于成矿时空的分类探讨[J]. 地质找矿论丛, 2009, 24(2): 91-100.

[18] 关康, 罗镇宽. 胶东招掖郭家岭型花岗岩锆石年代学及其 Pb 同位素特征[J]. 地球学报, 1997, 18(A00): 142-144.

[19] 郭胜哲, 苏养正, 池永一, 等. 吉林, 黑龙江东部地槽区古生代生物地层及岩相古地理[J]. 内蒙古—东北地槽区古生代生物地层及古地理. 北京: 地质出版社, 1992: 71-146.

[20] 侯可军, 李延河, 田有荣. LA-MC-ICP-MS 锆石微区原位 U-Pb 定年技术[J]. 矿床地质, 2009 (4): 481-492.

[21] 侯增谦, 钟大赉, 邓万明. 青藏高原东缘斑岩铜钼金成矿带的构造模式[J]. 中国地质, 2004, 31(1): 1-14.

[22] 胡斌, 刘娅莎, 蒋振华. 与韧性剪切带有关的金矿床成矿物质来源探讨[J]. 西部探矿工程, 2011, 23(7): 103-105.

[23] 黄文婷, 李晶, 梁华英, 等. 福建紫金山矿田罗卜岭铜钼矿化斑岩锆石 LA-ICP-MS U-Pb 年龄及成矿岩浆高氧化特征研究[J]. 岩石学报, 2013, 29(1): 283-293.

[24] 洪大卫, 肖宜君. 内蒙古中部二叠纪碱性花岗岩及其地球动力学意义[J]. 地质学报, 1994, 68(3): 219-230.

[25] 洪大卫, 谢锡林. 兴蒙造山带正 ε(Nd, t) 值花岗岩的成因和大陆地壳生长[J]. 地学前缘, 2000, 7(2): 441-456.

[26] 黄瀚霄, 李光明, 董随亮, 等. 西藏弄如日金矿床蚀变绢云母^(40) Ar-^(39) Ar 年龄及其地质意义[J]. 大地构造与成矿学, 2013, 36(4): 607-612.

[27] 蒋少涌, 戴宝章, 姜耀辉, 等. 胶东和小秦岭: 两类不同构造环境中的造山型金矿省[J]. 岩石学报, 2009, 25(11): 2727-2738.

[28] 江思宏, 李福喜. 内蒙古朱拉扎嘎金矿矿床地质特征[J]. 矿床地质, 2001, 20(3): 234-242.

[29] 瞿泓滢, 王浩琳, 裴荣富, 等. 鄂东南地区与铁山和金山店铁矿有关的花岗质岩体锆石 LA-ICP-MS 年龄和 Hf 同位素组成及其地质意义[J]. 岩石学报, 2012, 28(1): 147-165.

[30] 李俊建, 骆辉, 周红英, 等. 内蒙古阿拉善地区朱拉扎嘎金矿的成矿时代[J]. 地球化学, 2004, 33(6): 663-669.

[31] 李俊建, 翟裕生, 杨永强, 等. 再论内蒙古阿拉善朱拉扎嘎金矿的成矿时代: 来自锆石 SHRIMPU-Pb 年龄的新证据[J]. 地学前缘, 2010 (2): 178-184.

[32] 李朋武, 高锐, 管烨, 等. 内蒙古中部索伦-林西缝合带封闭时代的古地磁分析[J]. 吉林大学学报: 地球科学版, 2006, 36(5): 744-758.

[33] 李双林, 欧阳自远. 兴蒙造山带及邻区的构造格局与构造演化[J]. 海洋地质与第四纪地质, 1998, 18(3): 45-54.

[34] 李献华. Sm-Nd 模式年龄和等时线年龄的适用性与局限性[J]. 地质科学, 1996, 31(01): 97-104.

[35] 李晓峰, 陈文, 毛景文, 等. 江西银山多金属矿床蚀变绢云母 40Ar-39Ar 年龄及其地质意义[J]. 矿床地质, 2006, 25(1): 17-26.

[36] 李永, 狄彦宁. 内蒙古图古日格金矿侧伏规律及找矿方向[J]. 矿物学报, 2015 (S2): 945-946.

[37] 冷成彪, 张兴春, 王守旭, 等. 岩浆-热液体系成矿流体演化及其金属元素气相迁移研究进展[J]. 地质论评, 2009, 55(1): 100-112.

[38] 梁维, 杨竹森, 郑远川. 藏南扎西康铅锌多金属矿绢云母 Ar-Ar 年龄及其成矿意义[J]. 地质学报, 2015, 89(3): 560-568.

[39] 刘家军，杨丹，刘建明，等. 卡林型金矿床中自然砷的特征与成矿物理化学条件示踪[J]. 地学前缘，2007, 14 (5): 158-166.

[40] 刘翼飞. 内蒙古查干花斑岩钼矿床: 俯冲改造的富集型源区及碰撞后伸展环境对成矿的贡献[D]. 北京: 中国地质科学院, 2013.

[41] 刘翼飞，聂凤军，江思宏，等. 内蒙古查干花钼矿区成矿花岗岩地球化学，年代学及成岩作用[J]. 岩石学报, 2012, 28(2): 409-420.

[42] 刘翼飞，聂凤军，江思宏，等. 内蒙古查干花钼矿床成矿流体特征及矿床成因[J]. 吉林大学学报 (地球科学版), 2011, 41(6): 1794-1805.

[43] 刘英俊，邱德同. 勘查地球化学[M]. 北京: 科学出版社, 1987.

[44] 卢焕章，范宏瑞，倪培，等. 流体包裹体[M]. 北京: 科学出版社，2004 .

[45] 路彦明，潘懋，卿敏，等. 内蒙古毕力赫含金花岗岩类侵入岩锆石 U-Pb 年龄及地质意义[J]. 岩石学报, 2012, 28(3): 993-1004.

[46] 路彦明，张玉杰，张栋，等. 剪切带与金矿成矿研究进展[J]. 黄金科学技术, 2008, 16(5): 1-6.

[47] 陆元法. 金的表生成矿系统和生物成矿作用[J]. 黄金, 1992, 13(4): 16-17.

[48] 罗红玲，吴泰然，赵磊. 华北板块北缘乌梁斯太 A 型花岗岩体锆石 SHRIMP U-Pb 定年及构造意义[J]. 岩石学报, 2009 (3): 515-526.

[49] 罗镇宽，关康. 胶东招掖地区与金矿化有关花岗岩类继承锆石年龄及其意义[J]. 地球学报, 1997, 18(A00): 138-141.

[50] 马娟，彭斌. 内蒙古特颇格日图超基性岩体特征及成矿潜力研究[J]. 地质调查与研究, 2009, 32(3): 175-180.

[51] 毛景文，李厚民，王义天，等. 地幔流体参与胶东金矿成矿作用的氢氧碳硫同位素证据[J]. 地质学报, 2005, 79(6): 839-857.

[52] 毛景文，李荫清. 河北省东坪碲化物金矿床流体包裹体研究: 地幔流体与成矿关系[J]. 矿床地质, 2001, 20(1): 23-36.

[53] 聂凤军，张万益，杜安道，等. 内蒙古小东沟斑岩型钼矿床辉钼矿铼-锇同位素年龄及地质意义[J]. 地质学报, 2007, 81(7): 898-905.

[54] 宁钧陶，郭喜运，符巩固，等. 黄铁矿的标型特征及其对金矿床成因与找矿勘查的启示[J]. 东华理工大学学报: 自然科学版, 2013, 35(4): 352-357.

[55] 牛树银，侯增谦，孙爱群. 核幔成矿物质 (流体) 的反重力迁移——地幔热柱多级演化成矿作用[J]. 地学前缘, 2001, 8(3): 95-101.

[56] 潘晓萍，李荣社，王超，等. 西藏冈底斯北缘尼玛地区帮勒村一带寒武纪火山岩 LA-ICP-MS 锆石 U-Pb 年龄及其地球化学特征[J]. 地质通报，2012，31(1):63-74.

[57] 彭玉鲸，刘爱. 吉林省延边地区二叠纪的三类植物群与古陆缘再造[J]. 吉林地质, 1999, 18(1): 1-12.

[58] 卿敏，葛良胜，唐明国，等. 内蒙古苏尼特右旗毕力赫大型斑岩型金矿床辉钼矿 Re-Os 同位素年龄及

其地质意义[J]. 矿床地质, 2011, 30(1): 11-20.

[59] 卿敏, 唐明国, 葛良胜, 等. 内蒙古苏右旗毕力赫金矿区安山岩 LA-ICP-MS 锆石 U-Pb 年龄, 元素地球化学特征及其形成的构造环境[J]. 岩石学报, 2012, 28(2): 514-524.

[60] 邱华宁, 彭良. 40Ar-39Ar 年代学与流体包裹体定年[M]. 合肥: 中国科学技术大学出版社, 1997.

[61] 尚庆华. 北方造山带内蒙古中, 东部地区二叠纪放射虫的发现及意义[J]. 科学通报, 2004, 49(24): 2574-2579.

[62] 邵济安. 内蒙古中部早古生代蛇绿岩及其在恢复地壳演化历史中的意义[C]. 中国北方板块构造论文集. 北京:地震出版社, 1986.

[63] 邵济安, 唐克东, 何国琦. 内蒙古早二叠世构造古地理的再造[J]. 岩石学报, 2014, 30(7): 1858-1866.

[64] 邵济安, 张履桥. 大兴安岭中生代伸展造山过程中的岩浆作用[J]. 地学前缘, 1999, 6(4): 339-346.

[65] 沈保丰, 毛德宝. 中国绿岩带型金矿床类型和地质特征[J]. 前寒武纪研究进展, 1997, 20(4): 1-12.

[66] 申萍, 沈远超, 潘成泽, 等. 新疆哈图-包古图金铜矿集区锆石年龄及成矿特点[J]. 岩石学报, 2010 (10): 2879-2893.

[67] 沈渭洲.稳定同位素地质[M]. 北京: 原子能出版社, 1987.

[68] 孙德有, 吴福元, 李惠民,等.小兴安岭西北部造山后 A 型花岗岩的时代及与索伦山-贺根山-扎赉特碰撞拼合带东延的关系[J]. 科学通报, 2000, 45(20): 2217-2222.

[69] 谭钢, 余宏全, 印建平, 等. 内蒙古乌奴格吐山大型铜钼矿床成矿流体来源及演化: 流体包裹体及氢氧同位素地球化学证据[J]. 世界地质, 2013, 32(3): 463-482.

[70] 谭文娟, 魏俊浩, 郭大招, 等. 地质流体及成矿作用研究综述[J]. 矿产与地质, 2005, 19(3): 227-232.

[71] 谭文娟, 魏俊浩, 郭大招, 等. 石英脉型金矿床的成矿流体研究及思考[J]. 地质与资源, 2005, 14(3): 227-230.

[72] 唐克东. 中朝板块北侧褶皱带构造演化及成矿规律[M]. 北京: 北京大学出版社, 1992.

[73] 涂光炽.我国原生金矿类型的划分和不同类型金矿的远景剖析[J]. 矿产与地质, 1990, 4(15): 1-9.

[74] 王登红, 李建康, 刘峰, 等. 地幔柱研究中几个问题的探讨及其找矿意义[J]. 地球学报, 2004, 25(5): 489-494.

[75] 王鸿祯, 杨式溥, 朱鸿, 等. 中国及邻区古生代生物古地理及全球古大陆再造[J]. 中国及邻区构造古地理和生物古地理, 1990: 35-86.

[76] 王辉. 图古日格金矿基本地质特征及找矿方向[J]. 河南理工大学学报 (自然科学版), 2010, 29: 153-157.

[77] 王建平, 刘家军, 江向东, 等. 内蒙古浩尧尔忽洞金矿床黑云母氩氩年龄及其地质意义[J]. 矿物学报, 2011 (S1): 643-644.

[78] 王荣湖, 刘志远, 周乃武, 等. 含金剪切带型金矿床的成矿作用[J]. 地质与资源, 2007, 16(1): 16-22.

[79] 王秀璋. 中国层控矿床地球化学[M]. 北京: 科学出版社, 1984.

[80] 王义天, 毛景文, 李晓峰, 等. 与剪切带相关的金成矿作用[J]. 地学前缘, 2004, 11(2): 393-400.

[81] 韦永福. 金矿成矿理论研究若干进展[J]. 黄金地质科技, 1989 (3): 1-7.

[82] 吴福元, 曹林. 东北亚地区的若干重要基础地质问题[J]. 世界地质, 1999, 18(2): 1-13.

[83] 吴福元, 孙德有. 东北地区显生宙花岗岩的成因与地壳增生[J]. 岩石学报, 1999, 15(2): 181-189.

[84] 武广, 陈毓川, 李宗彦, 等. 豫西银家沟硫铁多金属矿床 Re-Os 和^ 40Ar-^ 39Ar 年龄及其地质意义[J].
      矿床地质, 2013, 32(4): 809-822.

[85] 肖伟, 聂凤军, 刘翼飞, 等. 内蒙古长山壕金矿区花岗岩同位素年代学研究及地质意义[J]. 岩石学报,
      2012, 28(2): 535-543.

[86] 谢荣举, 阳正熙. 绿岩带金矿及浅成热液金矿研究某些新进展[J]. 地质科技情报, 1988, 7(1):   64-70.

[87] 徐备, 赵盼, 鲍庆中, 等. 兴蒙造山带前中生代构造单元划分初探[J]. 岩石学报, 2014, 30(7): 1841-1857.

[88] 徐九华, 谢玉玲, 丁汝福, 等. C02-CH4 流体与金成矿作用:以阿尔泰山南缘和穆龙套金矿为例[J].岩石学
      报,2007,23 (8): 2026-2032.

[89] 徐文艺, 曲晓明, 侯增谦, 等. 西藏冈底斯中段雄村铜金矿床成矿流体特征与成因探讨[J]. 矿床地质,
      2006, 25(3): 243-251.

[90] 严育通, 李胜荣, 贾宝剑, 等. 中国不同成因类型金矿床的黄铁矿成分标型特征及统计分析 [J]. 地学
      前缘, 2012, 19(4): 214-226.

[91] 杨丹, 徐文艺, 崔艳合, 等. 二维气相色谱法测定流体包裹体中气相成分[J]. 岩矿测试, 2007, 26(6):
      451-454.

[92] 杨进辉, 周新华. 金矿床的定年方法述评[J]. 地质科技情报, 1999, 18(1): 85-88.

[93] 杨锐, 张善明, 冯罡, 等. 内蒙古宝音图隆起区成矿地质特征及找矿潜力分析[J]. 地质与资源, 2012,
      21(4): 341-349.

[94] 杨岳清, 江思宏, 聂凤军, 等. 朱拉扎嘎金矿地质特征及成因研究[J]. 地质与资源, 2001, 10(3): 146-152.

[95] 姚海涛, 郑海飞. 流体包裹体 Rb-Sr 等时线定年的可靠性[J]. 地球化学, 2001, 30(6): 507-511.

[96] 于耀先. 板块构造与成矿[M]. 北京：地质出版社, 1987：248-267.

[97] 袁峰, 周涛发, 范裕, 等. 安徽繁昌盆地中生代火山岩锆石 LA-IC PMS U-Pb 年龄及其意义[J]. 岩石学
      报, 2010 (9): 2805-2817.

[98] 袁继海, 詹秀春, 樊兴涛, 等. 硫化物矿物中痕量元素的激光剥蚀-电感耦合等离子体质谱微区分析进展
      [J]. 岩矿测试, 2011, 30(2): 121-130.

[99] 岳可芬, 赫英, 张维平. 深源 CO_2 及其对金的富集成矿作用[J]. 西北大学学报: 自然科学版, 2004,
      34(1): 90-92.

[100] 曾普胜, 李文昌, 王海平, 等. 云南普朗印支期超大型斑岩铜矿床: 岩石学及年代学特征[J]. 岩石学报,
       2006, 22(4): 989-1000.

[101] 翟明国, 卞爱国. 华北克拉通新太古代末超大陆拼合及古元古代末—中元古代裂解[J]. 中国科学: D 辑,
       2000, 30(B12): 129-137.

[102] 张万益, 聂凤军, 刘妍, 等. 内蒙古奥尤特铜川 锌矿床绢云母 40 Ar川 39 Ar 同位素年龄及地质意义
       [J]. 地球学报, 2008, 29(5): 592-598.

[103] 张文, 冯继承, 郑荣国, 等. 甘肃北山音凹峡南花岗岩体的锆石 LA-ICP MS 定年及其构造意义[J]. 岩石学报, 2011, 27(6): 1649-1661.

[104] 张文军, 颜小波. 图古日格金矿矿石特征及其成因分析[J]. 科技创新与应用, 2013 (35): 18-19.

[105] 张晓晖, 翟明国. 华北北部古生代大陆地壳增生过程中的岩浆作用与成矿效应[J]. 岩石学报, 2010 (5): 1329-1341.

[106] 张勇, 孙利清. 内蒙古巴音杭盖金矿床矿石及金矿物特征[J]. 黄金, 2001, 22(11): 8-11.

[107] 郑波, 安芳, 朱永峰. 新疆包古图金矿中发现的自然铋及其找矿勘探意义[J]. 岩石学报, 2009 (6): 1426-1436.

[108] 张彦, 陈文, 陈克龙, 等. 成岩混层 (I/S) Ar-Ar 年龄谱型及 39Ar 核反冲丢失机理研究--以浙江长兴地区 P-T 界线粘土岩为例[J]. 地质论评, 2006, 52(4): 556-561.

[109] 周振华, 王挨顺, 李涛. 内蒙古黄岗锡铁矿床流体包裹体特征及成矿机制研究 [J]. 矿床地质, 2011, 30(5): 867-889.

[110] 朱炳泉. 地球科学中同位素体系理论与应用: 兼论中国大陆壳幔演化[M]. 北京: 科学出版社, 1998.

[111] 朱乔乔, 谢桂青, 李伟, 等. 湖北金山店大型矽卡岩型铁矿石榴子石原位微区分析及其地质意义[J]. 中国地质, 2014, 41(6): 1944-1963.

[112] 朱永峰. 克拉通和古生代造山带中的韧性剪切带型金矿: 金矿成矿条件与成矿环境分析[J]. 矿床地质, 2005, 23(4): 509-519.

[113] 朱永峰, 艾永富. 关于岩浆热液矿床形成的几个问题: 以斑岩型矿床为例[J]. 矿床地质, 1995, 14(4): 380-384.

[114] Abzalov M. Zarmitan granitoid-hosted gold deposit, Tian Shan belt, Uzbekistan[J]. Economic Geology, 2007, 102(3): 519-532.

[115] An F, Zhu Y F. Significance of native arsenic in the Baogutu gold deposit, western Junggar, Xinjiang, NW China[J]. Chinese Science Bulletin, 2009, 54(10): 1744-1749.

[116] Arne D C, Bierlin F P, Morgan J W, et al. Re-Os dating of sulfides associated with gold mineralization in central Victoria, Australia[J]. Economic Geology, 2001, 96(6): 1455-1459.

[117] Audetat A, Günther D, Heinrich C A. Formation of a magmatic-hydrothermal ore deposit: Insights with LA-ICP-MS analysis of fluid inclusions[J]. Science, 1998, 279(5359): 2091-2094.

[118] Avanzinelli R, Elliott T, Tommasini S, et al. Constraints on the genesis of potassium-rich Italian volcanic rocks from U/Th disequilibrium[J]. Journal of Petrology, 2008, 49(2): 195-223.

[119] Baker T. Emplacement depth and carbon dioxide-rich fluid inclusions in intrusion-related gold deposits[J]. Economic Geology, 2002, 97(5): 1111-1117.

[120] Baker T, Ebert S, Rombach C, et al. Chemical compositions of fluid inclusions in intrusion-related gold systems, Alaska and Yukon, using PIXE microanalysis[J]. Economic Geology, 2006, 101(2): 311-327.

[121] Barbarin B. A review of the relationships between granitoid types, their origins and their geodynamic

environments[J]. Lithos, 1999, 46(3): 605-626.

[122]   Barra F, Ruiz J, Mathur R, et al. A Re-Os study of sulfide minerals from the Bagdad porphyry Cu-Mo deposit, northern Arizona, USA[J]. Mineralium Deposita, 2003, 38(5): 585-596.

[123]   Benning L G, Seward T M. Hydrosulphide complexing of Au (I) in hydrothermal solutions from 150-400 C and 500-1500 bar[J]. Geochimica et Cosmochimica Acta, 1996, 60(11): 1849-1871.

[124]   Berger B R, Drew L J, Goldfarb R J, et al. An epoch of gold riches: the late Paleozoic in Uzbekistan[J]. Central Asia. SEG Newsletter, 1994, 16(1): 7-11.

[125]   Bierlein F P, Groves D I, Goldfarb R J, et al. Lithospheric controls on the formation of provinces hosting giant orogenic gold deposits[J]. Mineralium Deposita, 2006, 40(8): 874-886.

[126]   Buslov M M, Fujiwara Y, Iwata K, et al. Late paleozoic-early Mesozoic geodynamics of Central Asia[J]. Gondwana Research, 2004, 7(3): 791-808.

[127]   Chai P, Sun J G, Xing S W, et al. Early Cretaceous arc magmatism and high-sulphidation epithermal porphyry Cu-Au mineralization in Yanbian area, Northeast China: the Duhuangling example[J]. International Geology Review, 2015, 57(9-10): 1267-1293.

[128]   Chai P, Sun J G, Xing S W, et al. Geochemistry, zircon U-Pb analysis, and fluid inclusion 40Ar/39Ar geochronology of the Yingchengzi gold deposit, southern Heilongjiang Province, NE China[J]. Geological Journal, 2015, 72(1): 1022-1036.

[129]   Chen B, Jahn B M, Wilde S, et al. Two contrasting Paleozoic magmatic belts in northern Inner Mongolia, China: petrogenesis and tectonic implications[J]. Tectonophysics, 2000, 328(1): 157-182.

[130]   Chen Y J, Pirajno F, Qi J P. Origin of gold metallogeny and sources of ore-forming fluids, Jiaodong Province, Eastern China[J]. International Geology Review, 2005, 47(5): 530-549.

[131]   Clayton R N, O'Neil J R, Mayeda T K. Oxygen isotope exchange between quartz and water[J]. Journal of Geophysical Research, 1972, 77(17): 3057-3067.

[132]   Coulon C, Megartsi M, Fourcade S, et al. Post-collisional transition from calc-alkaline to alkaline volcanism during the Neogene in Oranie (Algeria): magmatic expression of a slab breakoff[J]. Lithos, 2002, 62(3): 87-110.

[133]   Danyushevsky L, Robinson P, Gilbert S, et al. Routine quantitative multi-element analysis of sulphide minerals by laser ablation ICP-MS: Standard development and consideration of matrix effects[J]. Geochemistry: Exploration, Environment, Analysis, 2011, 11(1): 51-60.

[134]   Dill H G. The "chessboard" classification scheme of mineral deposits: mineralogy and geology from aluminum to zirconium[J]. Earth-Science Reviews, 2010, 100(1): 1-420.

[135]   Ding C, Nie F, Bagas L, et al. Pyrite Re-Os and zircon U-Pb dating of the Tugurige gold deposit in the western part of the Xing'an-Mongolia Orogenic Belt, China and its geological significance[J]. Ore Geology Reviews, 2016, 72: 669-681.

[136] Ding C, Nie F, Jiang S, et al. Characteristics and origin of the Zhulazhaga gold deposit in Inner Mongolia, China[J]. Ore Geology Reviews, 2016, 73: 211-221.

[137] Drew L J, Berger B R, Kurbanov N K. Geology and structural evolution of the Muruntau gold deposit, Kyzylkum desert, Uzbekistan[J]. Ore Geology Reviews, 1996, 11(4): 175-196.

[138] Douglas N. The liquid bismuth collector model: an alternative gold deposition mechanism[C]. Geological Society of Australia Abstracts, 1999, 2000, 59: 135- 135.

[139] Du A, Wu S, Sun D, et al. Preparation and Certification of Re‐Os Dating Reference Materials: Molybdenites HLP and JDC[J]. Geostandards and Geoanalytical Research, 2004, 28(1): 41-52.

[140] El-Bialy M Z. On the Pan-African transition of the Arabian-Nubian Shield from compression to extension: the post-collision Dokhan volcanic suite of Kid-Malhak region, Sinai, Egypt[J]. Gondwana Research, 2010, 17(1): 26-43.

[141] Eugster O, Kramers J, Krähenbühl U. Detecting forgeries among ancient gold objects using the U/Th-4He dating method[J]. Archaeometry, 2009, 51(4): 672-681.

[142] Feng C, Qu W, Zhang D, et al. Re-Os dating of pyrite from the Tuolugou stratabound Co (Au) deposit, eastern Kunlun Orogenic Belt, northwestern China[J]. Ore Geology Reviews, 2009, 36(1): 213-220.

[143] Förster H J, Tischendorf G, Trumbull R B. An evaluation of the Rb vs.(Y+ Nb) discrimination diagram to infer tectonic setting of silicic igneous rocks[J]. Lithos, 1997, 40(2): 261-293.

[144] Frei R, Nägler T F, Schönberg R, et al. Re-Os, Sm-Nd, U-Pb, and stepwise lead leaching isotope systematics in shear-zone hosted gold mineralization: Genetic tracing and age constraints of crustal hydrothermal activity[J]. Geochimica et Cosmochimica Acta, 1998, 62(11): 1925-1936.

[145] Goldfarb R J, Groves D I, Gardoll S. Orogenic gold and geologic time: a global synthesis[J]. Ore geology reviews, 2001, 18(1): 1-75.

[146] Garofalo P S, Ridley J R. Gold-transporting hydrothermal fluids in the Earth's crust: an introduction[J]. Geological Society, London, Special Publications, 2014, 402(1): 1-7.

[147] Gammons C H, Seward T M. Stability of manganese(II) chloride complexes from 25 to 300℃[J]. Geochimica et cosmochimica Acta, 1996, 60(22): 4295-4311.

[148] Göd R, Zemann J. Native arsenic-realgar mineralization in marbles from Saualpe, Carinthia, Austria[J]. Mineralogy and Petrology, 2000, 70(1-2): 37-53.

[149] Goldfarb R J, Groves D I, Gardoll S. Orogenic gold and geologic time: a global synthesis[J]. Ore geology reviews, 2001, 18(1): 1-75.

[150] Graupner T, Niedermann S, Kempe U, et al. Origin of ore fluids in the Muruntau gold system: constraints from noble gas, carbon isotope and halogen data[J]. Geochimica et Cosmochimica Acta, 2006, 70(21): 5356-5370.

[151] Groves D I, Goldfarb R J, Gebre-Mariam M, et al. Orogenic gold deposits: a proposed classification in the

context of their crustal distribution and relationship to other gold deposit types[J]. Ore geology reviews, 1998, 13(1): 7-27.

[152] Guo F, Fan W, Gao X, et al. Sr-Nd-Pb isotope mapping of Mesozoic igneous rocks in NE China: constraints on tectonic framework and Phanerozoic crustal growth[J]. Lithos, 2010, 120(3): 563-578.

[153] Guo S Z. Timing of convergence process of Sino-Korean plate and Siberian plate inferred from biostratigraphic evidences[J]. Pre-Jurassic Geology of Inner Mongolia, China, China-Japan Cooperative Group, Ishii, K., Liu, XY, Ichikawa, K, Huang, B.(eds.). Osaka University: Osaka, 1991: 113-125.

[154] Han B, Wang S, Jahn B, et al. Depleted-mantle source for the Ulungur River A-type granites from North Xinjiang, China: geochemistry and Nd-Sr isotopic evidence, and implications for Phanerozoic crustal growth[J]. Chemical Geology, 1997, 138(3): 135-159.

[155] Han C, Xiao W, Zhao G, et al. Re-Os dating of the Kalatongke Cu-Ni deposit, Altay Shan, NW China, and resulting geodynamic implications[J]. Ore Geology Reviews, 2007, 32(1): 452-468.

[156] Hedenquist J W, Lowenstern J B. The role of magmas in the formation of hydrothermal ore deposits[J]. Nature, 1994, 370(6490): 519-527.

[157] Heinrich C A. The physical and chemical evolution of low-salinity magmatic fluids at the porphyry to epithermal transition: a thermodynamic study[J]. Mineralium Deposita, 2005, 39(8): 864-889.

[158] Heinrich C A, Driesner T, Stefánsson A, et al. Magmatic vapor contraction and the transport of gold from the porphyry environment to epithermal ore deposits[J]. Geology, 2004, 32(9): 761-764.

[159] Hu X L, Yao S Z, He M C, et al. Geochemistry, U‐Pb Geochronology and Sr‐Nd‐Hf Isotopes of the Early Cretaceous Volcanic Rocks in the Northern Da Hinggan Mountains[J]. Acta Geologica Sinica (English Edition), 2015, 89(1): 203-216.

[160] Huang X W, Gao J F, Qi L, et al. In-situ LA-ICP-MS trace elemental analyses of magnetite and Re-Os dating of pyrite: The Tianhu hydrothermally remobilized sedimentary Fe deposit, NW China[J]. Ore Geology Reviews, 2015, 65: 900-916.

[161] Hutchinson R W, Burlington J L. Some broad characteristics of greenstone belt gold lodes[C]. Gold. 1984, 82(2): 339-371.

[162] Jahn B. The Central Asian Orogenic Belt and growth of the continental crust in the Phanerozoic[J]. Geological Society, London, Special Publications, 2004, 226(1): 73-100.

[163] Jahn B, Wu F, Capdevila R, et al. Highly evolved juvenile granites with tetrad REE patterns: the Woduhe and Baerzhe granites from the Great Xing'an Mountains in NE China[J]. Lithos, 2001, 59(4): 171-198.

[164] Jahn B, Wu F, Chen B. Massive granitoid generation in Central Asia: Nd isotope evidence and implication for continental growth in the Phanerozoic[J]. Episodes, 2000, 23(2): 82-92.

[165] Jia D C, Hu R Z, Lu Y, et al. Collision belt between the Khanka block and the North China block in the Yanbian Region, Northeast China[J]. Journal of Asian Earth Sciences, 2004, 23(2): 211-219.

[166] Jian P, Liu D, Kröner A, et al. Devonian to Permian plate tectonic cycle of the Paleo-Tethys Orogen in southwest China (II): insights from zircon ages of ophiolites, arc/back-arc assemblages and within-plate igneous rocks and generation of the Emeishan CFB province[J]. Lithos, 2009, 113(3): 767-784.

[167] Jiang S H, Nie F J. Geological and geochemical characteristics of the Zhulazhaga gold deposit in Inner Mongolia, China[J]. Acta Geologica Sinica (English Edition), 2005, 79(1): 87-97.

[168] Jonckheere R, Ratschbacher L. Standardless fission-track dating of the Durango apatite age standard[J]. Chemical Geology, 2015, 417: 44-57.

[169] Kempe U, Belyatsky B, Krymsky R, et al. Sm-Nd and Sr isotope systematics of scheelite from the giant Au (-W) deposit Muruntau (Uzbekistan): implications for the age and sources of Au mineralization[J]. Mineralium Deposita, 2001, 36(5): 379-392.

[170] Kirk J, Ruiz J, Chesley J, et al. A major Archean, gold-and crust-forming event in the Kaapvaal Craton, South Africa[J]. Science, 2002, 297(5588): 1856-1858.

[171] Klein E L. Ore fluids of orogenic gold deposits of the Gurupi Belt, Brazil: a review of the physico-chemical properties, sources, and mechanisms of Au transport and deposition[J]. Geological Society, London, Special Publications, 2014, 402(1): 121-145.

[172] Kostitsyn Y A. Rb-Sr isotopic study of the Muruntau deposit: Magmatism, metamorphism, and mineralization[J]. 1996.

[173] Kotov N V, Poritskaya L G. The Muruntau gold deposit: its geologic structure, metasomatic mineral associations and origin[J]. International Geology Review, 1992, 34(1): 77-87.

[174] Kovalenko V I, Yarmolyuk V V, Kovach V P, et al. Sources of Phanerozoic granitoids in central Asia: Sm-Nd isotope data[J]. Geochemistry International, 1996, 34(8): 628-640.

[175] Lambert D D, Foster J G, Frick L R, et al. Application of the Re‐Os isotopic system to the study of Precambrian magmatic sulfide deposits of Western Australia[J]. Australian Journal of Earth Sciences, 1998, 45(2): 265-284.

[176] Lang J R, Baker T. Intrusion-related gold systems: the present level of understanding[J]. Mineralium Deposita, 2001, 36(6): 477-489.

[177] Li C W, Guo F, Fan W M, et al. Ar-Ar geochronology of Late Mesozoic volcanic rocks from the Yanji area, NE China and tectonic implications[J]. Science in China Series D: Earth Sciences, 2007, 50(4): 505-518.

[178] Li J Y. Permian geodynamic setting of Northeast China and adjacent regions: closure of the Paleo-Asian Ocean and subduction of the Paleo-Pacific Plate[J]. Journal of Asian Earth Sciences, 2006, 26(3): 207-224.

[179] Li W, Zhong R, Xu C, et al. U-Pb and Re-Os geochronology of the Bainaimiao Cu-Mo-Au deposit, on the northern margin of the North China Craton, Central Asia Orogenic Belt: Implications for ore genesis and geodynamic setting[J]. Ore Geology Reviews, 2012, 48: 139-150.

[180] Liang H Y, Campbell I H, Allen C, et al. Zircon Ce4+/Ce3+ ratios and ages for Yulong ore-bearing

porphyries in eastern Tibet[J]. Mineralium Deposita, 2006, 41(2): 152-159.

[181]   Liegeois J P, Navez J, Hertogen J, et al. Contrasting origin of post-collisional high-K calk-alkaline and shoshonitic versus alkaline and peralkaline granitoids[J]. Lithos, 1998, 45: 1-28.

[182]   Liu J, Mao J W, Wu G, et al. Geochemical signature of the granitoids in the Chalukou giant porphyry Mo deposit in the Heilongjiang Province, NE China[J]. Ore Geology Reviews, 2015, 64: 35-52.

[183]   Liu W, Zhang J, Sun T, et al. Application of apatite U-Pb and fission-track double dating to determine the preservation potential of magnetite-apatite deposits in the Luzong and Ningwu volcanic basins, eastern China[J]. Journal of Geochemical Exploration, 2014, 138: 22-32.

[184]   Liu Y, Hu Z, Gao S, et al. In situ analysis of major and trace elements of anhydrous minerals by LA-ICP-MS without applying an internal standard[J]. Chemical Geology, 2008, 257(1): 34-43.

[185]   Liu Y, Nie F, Jiang S, et al. Geology, geochronology and sulphur isotope geochemistry of the black schist-hosted Haoyaoerhudong gold deposit of Inner Mongolia, China: Implications for ore genesis[J]. Ore Geology Reviews, 2016, 73: 253-269.

[186]   Liu Y, Yang G, Chen J, et al. Re-Os dating of pyrite from giant Bayan Obo REE-Nb-Fe deposit[J]. Chinese Science Bulletin, 2004, 49(24): 2627-2631.

[187]   Lowenstern J B. A review of the contrasting behavior of two magmatic volatiles: chlorine and carbon dioxide[J]. Journal of Geochemical Exploration, 2000, 69: 287-290.

[188]   Lowenstern J B. Carbon dioxide in magmas and implications for hydrothermal systems[J]. Mineralium Deposita, 2001, 36(6): 490-502.

[189]   Lü L, Mao J, Li H, et al. Pyrrhotite Re-Os and SHRIMP zircon U-Pb dating of the Hongqiling Ni-Cu sulfide deposits in Northeast China[J]. Ore Geology Reviews, 2011, 43(1): 106-119.

[190]   Ludwig K R. User's manual for Isoplot 3.00: a geochronological toolkit for Microsoft Excel[M]. Kenneth R. Ludwig, 2003.

[191]   Mao J, Konopelko D, Seltmann R, et al. Postcollisional age of the Kumtor gold deposit and timing of Hercynian events in the Tien Shan, Kyrgyzstan[J]. Economic Geology, 2004, 99(8): 1771-1780.

[192]   Mao J, Wang Y, Lehmann B, et al. Molybdenite Re-Os and albite 40 Ar/39 Ar dating of Cu-Au-Mo and magnetite porphyry systems in the Yangtze River valley and metallogenic implications[J]. Ore Geology Reviews, 2006, 29(3): 307-324.

[193]   Mathur R, Ruiz J, Tornos F. Age and sources of the ore at Tharsis and Rio Tinto, Iberian Pyrite Belt, from Re-Os isotopes[J]. Mineralium Deposita, 1999, 34(8): 790-793.

[194]   Mathur R, Titley S, Ruiz J, et al. A Re-Os isotope study of sedimentary rocks and copper-gold ores from the Ertsberg District, West Papua, Indonesia[J]. Ore Geology Reviews, 2005, 26(3): 207-226.

[195]   Miao L C, Fan W M, Liu D Y, et al. Geochronology and geochemistry of the Hegenshan ophiolitic complex: implications for late-stage tectonice volution of the Inner Mongolia-Daxinganling orogenic belt[J]. China,

2008, 32: 348-370.

[196] Moore J G, Batchelder J N, Cunningham C G. CO 2-filled vesicles in mid-ocean basalt[J]. Journal of Volcanology and Geothermal Research, 1977, 2(4): 309-327.

[197] Morelli R M, Creaser R A, Selby D, et al. Re-Os sulfide geochronology of the red dog sediment-hosted Zn-Pb-Ag deposit, Brooks Range, Alaska[J]. Economic Geology, 2004, 99(7): 1569-1576.

[198] Morelli R M, Creaser R A, Selby D, et al. Rhenium-Osmium geochronology of arsenopyrite in Meguma Group gold deposits, Meguma Terrane, Nova Scotia, Canada: Evidence for multiple gold-mineralizing events[J]. Economic Geology, 2005, 100(6): 1229-1242.

[199] Morelli R, Creaser R A, Seltmann R, et al. Age and source constraints for the giant Muruntau gold deposit, Uzbekistan, from coupled Re-Os-He isotopes in arsenopyrite[J]. Geology, 2007, 35(9): 795-798.

[200] Nadoll P, Koenig A E. LA-ICP-MS of magnetite: methods and reference materials[J]. Journal of Analytical Atomic Spectrometry, 2011, 26(9): 1872-1877.

[201] Nasdala L, Hofmeister W, Norberg N, et al. Zircon M257‐a Homogeneous Natural Reference Material for the Ion Microprobe U‐Pb Analysis of Zircon[J]. Geostandards and Geoanalytical Research, 2008, 32(3): 247-265.

[202] Ni Z, Zhai M, Wang R, et al. Late Paleozoic retrograded eclogites from within the northern margin of the North China Craton: Evidence for subduction of the Paleo-Asian ocean[J]. Gondwana Research, 2006, 9(1): 209-224.

[203] Nier A O. A redetermination of the relative abundances of the isotopes of carbon, nitrogen, oxygen, argon, and potassium[J]. Physical Review, 1950, 77(6): 789.

[204] Pearce J A, Harris N B W, Tindle A G. Trace element discrimination diagrams for the tectonic interpretation of granitic rocks[J]. Journal of petrology, 1984, 25(4): 956-983.

[205] Pereira J, Dixon C J. Mineralisation and plate tectonics[J]. Mineralium Deposita, 1971, 6(4): 404-405.

[206] Phillips G N, Evans K A. Role of CO_2 in the formation of gold deposits[J]. Nature, 2004, 429(6994): 860-863.

[207] Pirajno F. Ore deposits and Mantle plumes [M]. Kluwer Academic Publishers, 2000: 1-556.

[208] Pirajno F, Mao J, Zhang Z, et al. The association of mafic-ultramafic intrusions and A-type magmatism in the Tian Shan and Altay orogens, NW China: implications for geodynamic evolution and potential for the discovery of new ore deposits[J]. Journal of Asian Earth Sciences, 2008, 32(2): 165-183.

[209] Pokrovski G S, Roux J, Harrichoury J C. Fluid density control on vapor-liquid partitioning of metals in hydrothermal systems[J]. Geology, 2005, 33(8): 657-660.

[210] Pokrovski G S, Zakirov I V, Roux J, et al. Experimental study of arsenic speciation in vapor phase to 500 C: implications for As transport and fractionation in low-density crustal fluids and volcanic gases[J]. Geochimica et Cosmochimica Acta, 2002, 66(19): 3453-3480.

[211]   Poller U, Huth J, Hoppe P, et al. REE, U, Th, and Hf distribution in zircon from western Carpathian Variscan granitoids: a combined cathodoluminescence and ion microprobe study[J]. American Journal of Science, 2001, 301(10): 858-867.

[212]   Pope J G, Brown K L, McConchie D M. Gold concentrations in springs at Waiotapu, New Zealand: implications for precious metal deposition in geothermal systems[J]. Economic Geology, 2005, 100(4): 677-687.

[213]   Pope J G, McConchie D M, Clark M D, et al. Diurnal variations in the chemistry of geothermal fluids after discharge, Champagne Pool, Waiotapu, New Zealand[J]. Chemical geology, 2004, 203(3): 253-272.

[214]   Richards J P. Postsubduction porphyry Cu-Au and epithermal Au deposits: Products of remelting of subduction-modified lithosphere[J]. Geology, 2009, 37(3): 247-250.

[215]   Robert F, Brommecker R, Bourne B T, et al. Models and Exploration Methods for Major Gold Deposit Types[J]. Ore Deposits and Exploration Technology, 2007, 7: 691-711.

[216]   Robert F, Poulsen K H, Dubé B, et al. Gold deposits and their geological classification[C]. Proceedings of Exploration. 1997, 97: 209-220.

[217]   Roberts M P, Clemens J D. Origin of high-potassium, talc-alkaline, I-type granitoids[J]. Geology, 1993, 21(9): 825-828.

[218]   Roberts R G. Ore deposit models# 11. Archean lode gold deposits[J]. Geoscience Canada, 1987, 14(1): 37-52.

[219]   Roedder E. Liquid CO_2 inclusions in olivine-bearing nodules and phenocrysts from basalts[J]. American Mineralogist, 1965, 50(10): 1746-&.

[220]   Ruiz J, Mathur R. Metallogenesis in continental margins: Re-Os evidence from porphyry copper deposits in Chile[J]. Applications of radiogenic isotopes to ore deposit research and exploration. Rev Econ Geol, 1999, 12: 59-72.

[221]   Shang Q. Occurrences of Permian radiolarians in central and eastern Nei Mongol (Inner Mongolia) and their geological significance to the Northern China Orogen[J]. Chinese Science Bulletin, 2004, 49(24): 2613-2619.

[222]   Sengor A M C, Natalin B A. Paleotectonics of Asia: fragments of a synthesis[J]. In:Yin, A., Harrison, M. (Eds.), The Tectonic Evolution of Asia. Cambridge UniversityPress, Cambridge, 1996: 486-640.

[223]   Sengör A M C, Natal'In B A, Burtman V S. Evolution of the Altaid tectonic collage and Palaeozoic crustal growth in Eurasia[J]. Nature, 1993, 364: 299-307.

[224]   Selby D, Creaser R A. Re-Os geochronology and systematics in molybdenite from the Endako porphyry molybdenum deposit, British Columbia, Canada[J]. Economic Geology, 2001, 96(1): 197-204.

[225]   Selby D, Creaser R A, Hart C J R, et al. Absolute timing of sulfide and gold mineralization: A comparison of Re-Os molybdenite and Ar-Ar mica methods from the Tintina Gold Belt, Alaska[J]. Geology, 2002, 30(9):

791-794.

[226] Seward T M, Barnes H L. Metal transport by hydrothermal ore fluids[J]. Geochemistry of hydrothermal ore deposits, 1997, 3: 435-486.

[227] Shi G, Miao L, Zhang F, et al. Emplacement age and tectonic implications of the Xilinhot A-type granite in Inner Mongolia, China[J]. Chinese Science Bulletin, 2004, 49(7): 723-729.

[228] Sillitoe R H. Characteristics and controls of the largest porphyry copper‐gold and epithermal gold deposits in the circum‐Pacific region[J]. Australian Journal of Earth Sciences, 1997, 44(3): 373-388.

[229] Sillitoe R H, Bonham H F. Sediment-hosted gold deposits: Distal products of magmatic-hydrothermal systems[J]. Geology, 1990, 18(2): 157-161.

[230] Simon A C, Frank M R, Pettke T, et al. Gold partitioning in melt-vapor-brine systems[J]. Geochimica et Cosmochimica Acta, 2005, 69(13): 3321-3335.

[231] Simon A C, Pettke T, Candela P A, et al. The partitioning behavior of silver in a vapor-brine-rhyolite melt assemblage[J]. Geochimica et Cosmochimica Acta, 2008, 72(6): 1638-1659.

[232] Simon A C, Pettke T, Candela P A, et al. Copper partitioning in a melt-vapor-brine-magnetite-pyrrhotite assemblage[J]. Geochimica et Cosmochimica Acta, 2006, 70(22): 5583-5600.

[233] Simon A C, Pettke T, Candela P A, et al. Magnetite solubility and iron transport in magmatic-hydrothermal environments[J]. Geochimica et Cosmochimica Acta, 2004, 68(23): 4905-4914.

[234] Simon G, Kesler S E, Chryssoulis S. Geochemistry and textures of gold-bearing arsenian pyrite, Twin Creeks, Nevada; implications for deposition of gold in Carlin-type deposits[J]. Economic Geology, 1999, 94(3): 405-421.

[235] Sláma J, Košler J, Condon D J, et al. Plešovice zircon—a new natural reference material for U-Pb and Hf isotopic microanalysis[J]. Chemical Geology, 2008, 249(1): 1-35.

[236] Smoliar M I, Walker R J, Morgan J W. Re-Os ages of group IIA, IIIA, IVA, and IVB iron meteorites[J]. Science, 1996, 271(5252): 1099-1102.

[237] Stein H J, Markey R J, Morgan J W, et al. Highly precise and accurate Re-Os ages for molybdenite from the East Qinling molybdenum belt, Shaanxi Province, China[J]. Economic Geology, 1997, 92(7-8): 827-835.

[238] Stein H J, Markey R J, Morgan J W, et al. The remarkable Re-Os chronometer in molybdenite: how and why it works[J]. Terra Nova, 2001, 13(6): 479-486.

[239] Stein H J, Morgan J W, Scherstén A. Re-Os dating of low-level highly radiogenic (LLHR) sulfides: The Harnäs gold deposit, southwest Sweden, records continental-scale tectonic events[J]. Economic Geology, 2000, 95(8): 1657-1671.

[240] Stein H J, Sundblad K, Markey R J, et al. Re-Os ages for Archean molybdenite and pyrite, Kuittila-Kivisuo, Finland and Proterozoic molybdenite, Kabeliai, Lithuania: testing the chronometer in a metamorphic and metasomatic setting[J]. Mineralium Deposita, 1998, 33(4): 329-345.

[241] Sun J G, Han S J, Zhang Y, et al. Diagenesis and metallogenetic mechanisms of the Tuanjiegou gold deposit from the Lesser Xing'an Range, NE China: Zircon U-Pb geochronology and Lu-Hf isotopic constraints[J]. Journal of Asian Earth Sciences, 2013, 62: 373-388.

[242] Tang K. Tectonic development of Paleozoic foldbelts at the north margin of the Sino‐Korean Craton[J]. Tectonics, 1990, 9(2): 249-260.

[243] Taira A. Tectonic evolution of the Japanese island arc system[J]. Annual Review of Earth and Planetary Sciences, 2001, 29(1): 109-134.

[244] Tooth B, Brugger J, Ciobanu C, et al. Modeling of gold scavenging by bismuth melts coexisting with hydrothermal fluids[J]. Geology, 2008, 36(10): 815-818.

[245] Tristá-Aguilera D, Barra F, Ruiz J, et al. Re-Os isotope systematics for the Lince-Estefanía deposit: constraints on the timing and source of copper mineralization in a stratabound copper deposit, Coastal Cordillera of Northern Chile[J]. Mineralium Deposita, 2006, 41(1): 99-105.

[246] Ulrich T, Guenther D, Heinrich C A. Gold concentrations of magmatic brines and the metal budget of porphyry copper deposits[J]. Nature, 1999, 399(6737): 676-679.

[247] Vavra G. Systematic of internal zircon morphology in major Variscan granitoid types[J]. Contrib Mineral Petrol, 1994. 117: 331-344.

[248] Wang J, Liu J, Peng R, et al. Gold mineralization in Proterozoic black shales: example from the Haoyaoerhudong gold deposit, northern margin of the North China Craton[J]. Ore Geology Reviews, 2014, 63: 150-159.

[249] Williams-Jones A E, Heinrich C A. 100th Anniversary special paper: vapor transport of metals and the formation of magmatic-hydrothermal ore deposits[J]. Economic Geology, 2005, 100(7): 1287-1312.

[250] Windley B F, Alexeiev D, Xiao W, et al. Tectonic models for accretion of the Central Asian Orogenic Belt[J]. Journal of the Geological Society, 2007, 164(1): 31-47.

[251] Wu F, Wilde S A, Zhang G, et al. Geochronology and petrogenesis of the post-orogenic Cu-Ni sulfide-bearing mafic-ultramafic complexes in Jilin Province, NE China[J]. Journal of Asian Earth Sciences, 2004, 23(5): 781-797.

[252] Wu F Y, Jahn B, Wildes A L, et al. Highly fractionated I-type granites in NE china (II): Isotopic geochemistry and implications for crustal growth in the Phanerozoic[J]. Lithos, 2003, 67(3): 191-204.

[253] Vaughn E S, Ridley J R. Evidence for exsolution of Au-ore fluids from granites crystallized in the mid-crust, Archaean Louis Lake Batholith, Wyoming[J]. Geological Society, London, Special Publications, 2014, 402(1): 103-120.

[254] Vavra G. Systematics of internal zircon morphology in major Variscan granitoid types[J]. Contributions to Mineralogy and Petrology, 1994, 117(4): 331-344.

[255] Xiao W, Windley B F, Hao J, et al. Accretion leading to collision and the Permian Solonker suture, Inner

Mongolia, China: termination of the central Asian orogenic belt[J]. Tectonics, 2003, 22(6).

[256] Xiao W J, Windley B F, Huang B C, et al. End-Permian to mid-Triassic termination of the accretionary processes of the southern Altaids: implications for the geodynamic evolution, Phanerozoic continental growth, and metallogeny of Central Asia[J]. International Journal of Earth Sciences, 2009, 98(6): 1189-1217.

[257] Xu B, Charvet J, Chen Y, et al. Middle Paleozoic convergent orogenic belts in western Inner Mongolia (China): framework, kinematics, geochronology and implications for tectonic evolution of the Central Asian Orogenic Belt[J]. Gondwana Research, 2013, 23(4): 1342-1364.

[258] Xu B, Chen B. Framework and evolution of the middle Paleozoic orogenic belt between Siberian and North China Plates in northern Inner Mongolia[J]. Science in China Series D: Earth Sciences, 1997, 40(5): 463-469.

[259] Xu B, Zhao P, Wang Y, et al. The pre-Devonian tectonic framework of Xing'an-Mongolia orogenic belt (XMOB) in north China[J]. Journal of Asian Earth Sciences, 2015, 97: 183-196.

[260] Xu Y F, Ni P, Wang G G, et al. Geology, fluid inclusion and stable isotope study of the Huangshan orogenic gold deposit: Implications for future exploration along the Jiangshan-Shaoxing fault zone, South China[J]. Journal of Geochemical Exploration, 2016. In Press.

[261] Yakubchuk A, Cole A, Seltmann R, et al. Tectonic setting, characteristics, and regional exploration criteria for gold mineralization in the Altaid orogenic collage: the Tien Shan province as a key example[J]. Special Publication-Society of Economic Geologists, 2002, 9: 177-202.

[262] Yan G H, Xu B L, Mu B L, et al. Alkaline Intrusives at the East Foot of the Taihang - Da Hinggan Mountains: Chronology, Sr, Nd and Pb Isotopic Characteristics and Their Implications[J]. Acta Geologica Sinica (English Edition), 2000, 74(4): 774-780.

[263] Yang S, Qu W, Tian Y, et al. Origin of the inconsistent apparent Re-Os ages of the Jinchuan Ni-Cu sulfide ore deposit, China: Post-segregation diffusion of Os[J]. Chemical Geology, 2008, 247(3): 401-418.

[264] Zartman R E, Doe B R. Plumbotectonics—the model[J]. Tectonophysics, 1981, 75(1): 135-162.

[265] Zeng Q, Liu J, Qin F, et al. Geochronology of the Xiaodonggou porphyry Mo deposit in northern margin of North China Craton[J]. Resource Geology, 2010, 60(2): 192-202.

[266] Zhang S H, Zhao Y U E, Song B, et al. Carboniferous granitic plutons from the northern margin of the North China block: implications for a late Palaeozoic active continental margin[J]. Journal of the Geological Society, 2007, 164(2): 451-463.

[267] Zhang X, Wilde S A, Zhang H, et al. Early Permian high-K calc-alkaline volcanic rocks from NW Inner Mongolia, North China: geochemistry, origin and tectonic implications[J]. Journal of the Geological Society, 2011, 168: 525.

[268] Zhang Y P, Tang K D. Pre-Jurassic tectonic evolution of intercontinental region and the suture zone between

the North China and Siberian platforms[J]. Journal of Southeast Asian Earth Sciences, 1989, 3(1): 47-55.

[269] Zhao H X, Frimmel H E, Jiang S Y, et al. LA-ICP-MS trace element analysis of pyrite from the Xiaoqinling gold district, China: implications for ore genesis[J]. Ore Geology Reviews, 2011, 43(1): 142-153.

[270] Zhou Z H, Mao J W, Lyckberg P. Geochronology and isotopic geochemistry of the A-type granites from the Huanggang Sn-Fe deposit, southern Great Hinggan Range, NE China: implication for their origin and tectonic setting[J]. Journal of Asian Earth Sciences, 2012, 49: 272-286.

[271] 丁成武, 戴盼, 聂凤军, 等. 内蒙古图古日格金矿床绢云母 ^{40}Ar-^{39}Ar 定年及其地质意义[J]. 地球学报, 2022, 43(04): 542-554.

[272] 丁成武, 戴盼, 聂凤军, 等. 内蒙古图古日格金矿床二叠纪侵入岩锆石 U-Pb 年龄与地球化学特征[J]. 岩石矿物学杂志, 2021, 40(02): 236-256.

[273] 丁成武, 戴盼, 江思宏, 等. 内蒙古图古日格金矿床中碲化物的发现及其地质意义. 地质学报, 2022, 96(7): 2450-2463.

[274] Ding C W, Liu Y F, Dai P, et al. Zircon U-Pb geochronology of Baoyintu Group in the northwestern margin of the North China Craton and its geological significance[J]. Journal of Earth Science, 2022, 1-58, http://kns.cnki.net/kcms/detail/42.1788.p.20211021.1604.010.html.

[275] Ding C W, Zhao B C, Dai P, et al. Geochronology, geochemistry and Sr–Nd–Pb–Hf isotopes of the alkaline–carbonatite complex in the Weishan REE deposit, Luxi Block: Constraints on the genesis and tectonic setting of the REE mineralization[J]. Ore Geology Reviews, 2022, 147: 1-22.